Σ BEST
シグマベスト

試験に強い！
要点ハンドブック
物理基礎

文英堂編集部　編

文英堂

本書の特色と使用法

1 学習内容を多くの項目(こうもく)に細分

本書は，高等学校「物理基礎」の学習内容を **6編10章** に分けて，さらに学習指導要領や教科書の項目立て，および内容の分量に応じて **43項目** に細分しています。したがって，必要な項目をもくじで探せば，テストの範囲にぴったり合う内容について勉強することができ，**ムダのない勉強**が可能です。なお，「物理基礎」では **発展内容** になっている項目も必要に応じて載せました。

2 1項目は，原則2ページで構成

本書の各項目は，ひと目で学習内容が見渡せるように，原則として本を開いた **左右見開きの2ページ** で完結しています。

3あるいは4ページの項目もありますが，原則それぞれの1ページごとに学習内容を区切ってあり，ページ単位で勉強できるようになっています。つまり，**短時間で，きちんと区切りをつけながら勉強できる**わけです。

3 本文は簡潔(かんけつ)に表現

本文の表記は，できるだけ **ムダをはぶいて，簡潔** にするように努めました。

また，ポイントとなる語句は **赤字** や **太字** で示し，重要なところには **重要** のマークをつけました。さらに行間に補注をつけて，**理解を深めるためのポイント** を示したので，そちらも読んでおきましょう。

4 最重要ポイントをハッキリ明示

本書では,重要なポイントは ココに注目! で示し,さらに最重要ポイントは 要点 という形でとくにとり出して,はっきり示してあります。要点 は,その見開きの中で最も基本的なことや,最もテストに出やすいポイントなどをコンパクトにまとめてあります。テストの直前には,この部分を読むだけでも得点アップは確実です。

5 例題研究で応用力もアップ

それぞれの項目には 例題研究 を設け,テストに出そうな重要な問題をとりあげました。
ここでは問題を解くポイントをわかりやすくまとめていますが,最初から 解 や 答 を見るのではなく,まず自力で解いてみて,その後で 解 を読み,もう一度解いてみるようにすると確実に力がつきます。

6 勉強のしあげは,要点チェック&練習問題

章末には一問一答形式の要点チェックを設けています。テストの直前には必ず解いてみて,解けなかった問題は,右側に示されたページにもどって復習しましょう。さらに,要点チェックの後に 練習問題 を設けています。レベルは学校の定期テストに合わせてあるので,これを解くことで定期テスト対策は万全です。
なお発展内容の問題には*印をつけました。

もくじ

＊をつけた項目は発展内容

0編　物理量について

0章　物理量の測定と扱い方

- **0** 物理量の測定と扱い方……………………8
- ● 要点チェック………………………………11

1編　運動とエネルギー

1章　物体の運動

- **1** 速度・変位……………………………………12
- **2** 加速度と等加速度直線運動………………14
- **3** 自由落下運動………………………………16
- **4** 放物運動……………………………………19
- ● 要点チェック………………………………23
- ● 練習問題……………………………………24

2章　力と運動

- **5** いろいろな力………………………………26
- **6** 力の合成・分解……………………………28
- **7** 力のつりあいと作用反作用の法則………30
- **8** 運動の法則と運動方程式…………………34
- **9** 摩擦力や空気抵抗を受ける運動…………38
- ● 要点チェック………………………………40

- **練習問題** …… 41

3章 力学的エネルギー

- **10** 仕事と仕事率 …… 44
- **11** 運動エネルギー …… 46
- **12** 位置エネルギー …… 48
- **13** 力学的エネルギーの保存 …… 50
- 要点チェック …… 53
- **練習問題** …… 54

2編 熱

4章 熱とエネルギー

- **14** 熱と温度 …… 56
- ***15** 気体の法則 …… 60
- ***16** 気体がする仕事と熱力学の第1法則 …… 63
- **17** エネルギーの変換と保存 …… 67
- 要点チェック …… 68
- **練習問題** …… 69

3編 波

5章 波とその性質

- ***18** 等速円運動・単振動 …… 72
- **19** 波の要素 …… 74
- **20** 横波と縦波 …… 76

21 波を表すグラフと波の位相……………………………78

22 波の重ね合わせ……………………………………80

23 波の干渉と定常波…………………………………82

24 波の反射と位相の変化……………………………86

*__25__ 波の回折・反射・屈折……………………………88

- 要点チェック………………………………………92
- 練習問題 ……………………………………………93

6章 音 波

26 音波とその伝わり方………………………………96

27 弦の振動……………………………………………100

28 気柱の振動…………………………………………102

29 共振・共鳴…………………………………………104

*__30__ ドップラー効果……………………………………107

- 要点チェック………………………………………110
- 練習問題 ……………………………………………111

4編 電 気

7章 静電気と電流

31 電流と仕事…………………………………………114

32 静電気………………………………………………116

*__33__ 電場と静電誘導……………………………………118

34 電流と電子…………………………………………122

35 オームの法則と電気抵抗…………………………124

36 抵抗の接続…………………………………………128

- 要点チェック……………………………………………… 131
- 練習問題 ………………………………………………… 132

8章　電流と磁場

37 磁石と磁場………………………………………………… 134
38 モーターのしくみ………………………………………… 136
39 発電機のしくみ…………………………………………… 138
40 交　流……………………………………………………… 140
41 電磁波……………………………………………………… 142
- 要点チェック……………………………………………… 143
- 練習問題 ………………………………………………… 144

5編　物理学と社会

9章　原子力エネルギー

42 原子力エネルギー………………………………………… 146
- 要点チェック……………………………………………… 149
- 練習問題 ………………………………………………… 150

練習問題の解答 …………………………………………………… 151
ギリシャ文字の読み方・10^nを表す接頭語 ………………… 169
基本単位(国際単位系SI)・組立単位 …………………………… 170
重要物理定数 ……………………………………………………… 171
三角比の表 ………………………………………………………… 172
さくいん …………………………………………………………… 173

0 物理量の測定と扱い方

1 単 位

1│ 基本単位 物理量の基本になる単位として，長さ，質量，時間，温度，電流，物質量，光度の 7 種類がある。それぞれの単位として長さは m(メートル)，質量は kg(キログラム)，時間は s(秒)，温度は K(ケルビン)，電流は A(アンペア)，物質量は mol(モル)，光度は cd(カンデラ)を使うことになっている。この単位を使って表したものを国際単位系(SI)という。

2│ 組立単位 基本単位以外の物理量は，基本単位をかけるか割るかしてつくられており，このようなものを組立単位という。

2 次元(ディメンション)

長さの次元を[L]，質量の次元を[M]，時間の次元を[T]で表す。組立単位である速さは，距離(長さ)を時間で割ることによって求められるので，次元で表すと $\frac{[L]}{[T]} = [L^1 T^{-1}]$ となり，長さの次元は 1，時間の次元は -1 である。次元 1 の場合は 1 を記さず $[LT^{-1}]$ のように表記することが多い。長さの単位は m や km，時間の単位は s や h，速さの単位は m/s や km/h で表すことができるが，次元で表すとすべて同じ表記にすることができる。

3 測定値と有効数字

1│ 測定法 測定器の目盛りを読み取って，得られた意味のある数字を有効数字という。アナログ式の測定器では，ついている目盛りの間を目分量で 10 等分し，目盛りの 1 つ下の位まで読み取る。そのため，測定する人によって測定値の末尾の数字が異なることがあり，誤差を含むことになる。デジタル式の測定器では，表示されている数値をそのまま読み取る。デジタル式の測定器の場合は，表示されている数字をそのまま読み取るため，誤差を含まないように見えるが，末尾の数字には誤差が含まれている。たとえば，ストップウォッチで 3.14s と表示されているとき，末尾の数字の 4 は，次の 3.15s になる $\frac{1}{100}$ s 間での「4」が表示されているため，最大 $\frac{1}{100}$ s の誤差を含んでいる。このように，測定の約束通り記録された物理量には，末尾に数字には必ず誤差が含まれていると考えられる。

> **要点** 測定法
> アナログ式 → 目盛りの**1つ下の位まで**読み取る。
> デジタル式 → **表示されている数値**をそのまま読み取る。

2｜測定値の表し方　物差しを使って長さを測定して 4.62cm と読み取ったとき，測定によって読み取った数字の数が「4」，「6」，「2」の3つあるので，有効数字3桁と呼ぶ。物理量では長さを m で表すことになっているので，

　　4.26cm = 0.0426m

と表すと，数字が5つになり有効数字がわかりにくい。この場合，増えた数字の「0」は単位を cm から m に変えたためであることは容易に理解できるが，25.3km のような場合には，

　　25.3km = 25300m

となり，単位を km から m に変換したために「0」が増えた「25300」だけが記されていると，測定によって得られた「0」か単位の変換によって現れた「0」かが判断できない。そのため，物理量の表示は，

　　「4.26×10^{-2}m」や「2.53×10^{4}m」
　　　↳この部分が有効数字

のように表す約束になっている。また，最高位の数字が1の位から始まるのは，10 の累乗の部分で物理量の大きさを比較できるようにするためである。

4 測定値の計算

1｜加法・減法　計算する測定値の中で，末尾の位が最も高いものに，計算結果の末尾の位をそろえる。円周率や無理数を計算で使うときには，結果の有効数字より1桁多い値を使って計算する。たとえば，結果を2桁で求める場合，円周率は 3.14 の3桁で計算する。

2｜乗法・除法　計算する測定値の中で，有効数字の桁数の最も小さいものに，計算結果の有効数字をそろえる。

> **要点** 測定値の計算
> 加法・減法 → **末尾の位を最も高いもの**にそろえる。
> 乗法・除法 → **有効数字の桁数を最も小さいもの**にそろえる。

例題研究 測定値

長方形の2辺の長さを物差しで測定したところ横 4.23cm，縦 0.81cm であった。

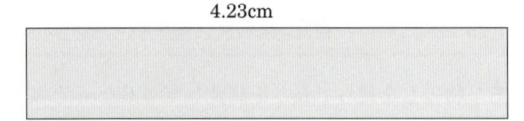

```
        4.23cm
┌──────────────────┐
│                  │ 0.81cm
└──────────────────┘
```

(1) 横と縦の長さを測定値の表示の規則にしたがって m の単位で表せ。また，それぞれの有効数字は何桁か。

(2) 長方形の面積を，測定値の計算の規則にしたがって求めよ。

解 (1) 横の長さは，
$$4.23 \text{cm} = 0.0423 \text{m} = 4.23 \times 10^{-2} \text{m}$$
となり，有効数字は3桁である。
縦の長さは，
$$0.81 \text{cm} = 0.0081 \text{m} = 8.1 \times 10^{-3} \text{m}$$
となり，有効数字は2桁である。

(2) 面積は，
$$4.23 \times 10^{-2} \text{m} \times 8.1 \times 10^{-3} \text{m} = 3.4263 \times 10^{-4} \text{m}^2$$
有効数字が3桁と2桁のかけ算なので，計算結果の有効数字は2桁にすればよい。よって，$3.4 \times 10^{-4} \text{m}^2$ と求められる。

答 (1) 横：$\mathbf{4.23 \times 10^{-2}}$**m**，有効数字：**3桁**
縦：$\mathbf{8.1 \times 10^{-3}}$**m**，有効数字：**2桁**
(2) $\mathbf{3.4 \times 10^{-4}}$**m**^{2}

例題研究 次元

長さの次元を[L]，質量の次元を[M]，時間の次元を[T]で表す。以下の物理量の次元を求めよ。

(1) 加速度（加速度の単位は m/s^2 である。）
(2) 力（力の単位 N は kg·m/s^2 と表すことができる。）

解 (1) m を[L]，s を[T]で置き換えて，
$$\text{m/s}^2 = \frac{\text{m}}{\text{s}^2} = \frac{[\text{L}]}{[\text{T}^2]} = [\text{LT}^{-2}]$$

(2) kg を[M]で置き換えて，(1)の結果を利用すると，
$$\text{kg·m/s}^2 = [\text{M}] \cdot [\text{LT}^{-2}] = [\text{LMT}^{-2}]$$

答 (1) **[LT^{-2}]** (2) **[LMT^{-2}]**

要点チェック

↓答えられたらマーク　　　　　　　　　　　　　　　　　わからなければ ⤵

☐ **1** 基本単位には，(　　　)，(　　　)，(　　　)，(　　　)，(　　　)，(　　　)，(　　　)の7つの物理量がある。　p.8

☐ **2** 天秤を使って質量を測定したところ21.8gであった。単位をkgに変換し，物理量の表示のルールにしたがって表せ。　p.9

☐ **3** 測定値21.8gの有効数字は何桁か。　p.9

☐ **4** 図のように，物差しで長さを測定した。この物体の長さを物理量の表示のルールにしたがって表せ。　p.9

☐ **5** 電子天秤を使って物体の質量を測定したところ，56.7 のように表示された。単位はgである。物理量の表示のルールにしたがって表せ。　p.9

☐ **6** 電信柱の円周の長さを測定したところ，82.6cmであった。電信柱の直径を求めよ。　p.9

☐ **7** 長方形の2辺の長さを測定したところ，6.4cmと12.8cmであった。この長方形の面積を求めよ。　p.10 例題

☐ **8** 上記**7**の長方形の対角線の長さを求めよ。　p.10 例題

☐ **9** 2つの物体の質量を測定したところ，102g，52.6gであった。この2つの物体の質量の和を求めよ。（同じ測定器を使うと末尾の位はそろわなければならないが，勉強のために測定器の種類を変えて測定したことになっている。）　p.10 例題

☐ **10** 長さ，質量，時間の次元(ディメンション)をそれぞれ[L]，[M]，[T]として，エネルギーの次元を表せ。エネルギーの単位J(ジュール)は，$kg \cdot m^2/s^2$ と表すことができる。　p.10 例題

答

1 長さ，質量，時間，温度，電流，物質量，光度， **2** 2.18×10^{-2} kg， **3** 有効数字3桁
4 5.19×10^{-2} m， **5** 5.67×10^{-2} kg， **6** 2.63×10^{-1} m， **7** 8.2×10^{-3} m², **8** 1.4×10^{-1} m
9 1.55×10^{-1} kg， **10** $[L^2 M T^{-2}]$

1 速度・変位

1 変位

一般に、物体が運動して点Pから点Qに移ったときの変位はベクトル $\overrightarrow{PQ}$ で表される。すなわち、**PQ間の直線距離とその向きをいっしょに考えた量**が変位である。

2 速さと速度

1│ 速さ 単位時間（1s）あたりに移動する距離。時間 t [s]で x [m] 移動したときの速さ v [m/s] は、$v = \dfrac{x}{t}$ である。

2│ 平均の速さ 図のような運動において、時刻 t_1 [s] から t_2 [s] までの平均の速さ $\bar{v}$ [m/s] は、$\bar{v} = \dfrac{x_2 - x_1}{t_2 - t_1}$ で、**x-t グラフ上の2点を結ぶ直線の傾き**で表される。

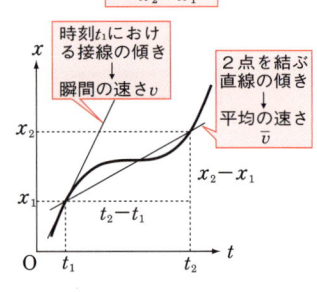

3│ 瞬間の速さ 平均の速さの式で、t_2 を限りなく t_1 に近づけて時間間隔を限りなく小さくしたときの速さが**瞬間の速さ**で、**x-t グラフの接線の傾き**によって表される。

4│ 速度 速さに向きを含めた量を**速度**と呼ぶ。速さは大きさだけをもつスカラーで、速度は大きさと向きをもつベクトルである。

3 速度の合成

運動している物体の上を運動している物体の速度は、速度を合成して求められる。

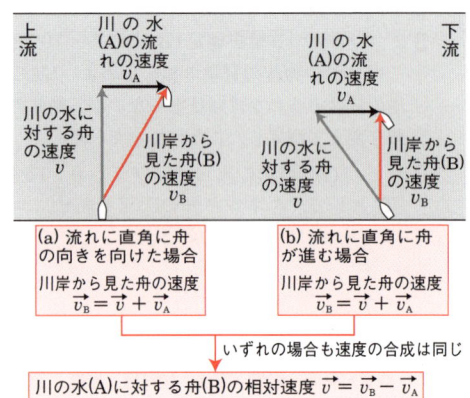

4 相対速度

図のように,自動車Aの速度を $\vec{v_A}$, 自動車Bの速度を $\vec{v_B}$ とすると,**自動車Aに対する自動車Bの相対速度 $\vec{v}$ は,$\vec{v}=\vec{v_B}-\vec{v_A}$**

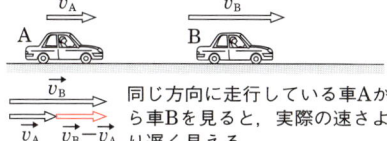

同じ方向に走行している車Aから車Bを見ると,実際の速さより遅く見える。

で表される。自動車Aに乗っている人から見ると,自動車Bは $\vec{v_B}-\vec{v_A}$ の向きに,$|\vec{v_B}-\vec{v_A}|$ で表される速さで走っていくように見える。

> **要点** 相対速度…Aに対するBの相対速度 $\vec{v}$ は
> $$\vec{v}=\vec{v_B}-\vec{v_A}$$

5 等速直線運動の $x\text{-}t$ グラフと $v\text{-}t$ グラフ

1│ $x\text{-}t$ グラフ 等速直線運動をする物体の,変位 x と時刻 t の関係を表すグラフは,図(a)のような直線となり,その**直線の傾きが速さ v を表す。**

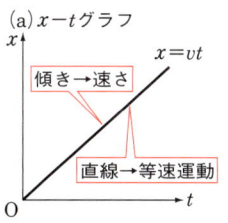

(a) $x\text{-}t$ グラフ — 傾き→速さ / 直線→等速運動 / $x=vt$

2│ $v\text{-}t$ グラフ 等速直線運動をする物体の速度 v と時刻 t の関係を表すグラフは,図(b)のような t 軸に平行な直線となり,時刻0秒から時刻 t 秒までの**変位 x は色の部分の面積に相当する。**

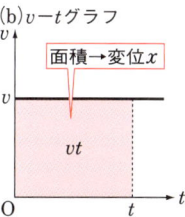

(b) $v\text{-}t$ グラフ — 面積→変位 x,vt

> **ココに注目!**
> $x\text{-}t$ グラフ
> 傾き→速さ
> $v\text{-}t$ グラフ
> 面積→変位(距離)

例題研究 速度の合成

速さ 2.4m/s で航行している船の甲板を,進行方向と直角の方向に速さ 1.0m/s で歩いている人の速さを求めよ。

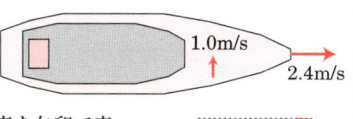

解 右の図のように,船の速度と人の速度を矢印で表し,速度を合成する。三平方の定理より,
$$\sqrt{2.4^2+1.0^2}=2.6 \text{[m/s]}$$

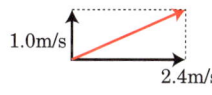

答 2.6m/s

2 加速度と等加速度直線運動

1 加速度 重要

x 軸の正の向きに運動している物体の短い時間 Δt の間の速度の変化を $\overrightarrow{\Delta v}$ とすると，点 P における加速度 $\vec{a}$ は，$\vec{a} = \dfrac{\overrightarrow{\Delta v}}{\Delta t}$ と表される。

加速度 $\vec{a}$ の向きは $\overrightarrow{\Delta v}$ の向きと一致している。

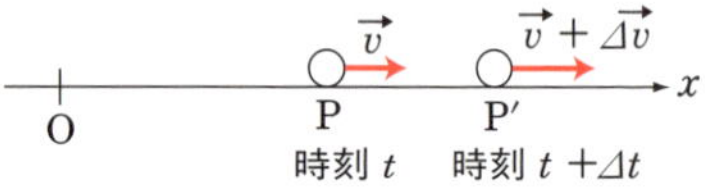

2 等加速度直線運動 重要

1 等加速度直線運動

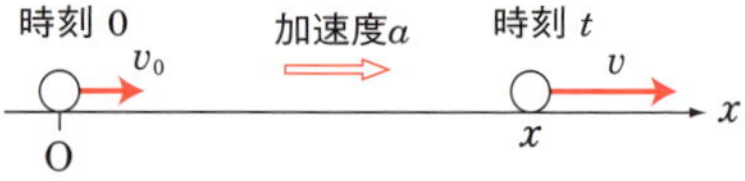

ある物体が，初速度 v_0 で原点 O を出発し，x 軸上を一定の加速度 a で運動する場合，出発してからの時間 t 後の位置を P とし，点 P における速度を v，点 P の座標を x とすると，v と x は次の式で表される。

$$v = v_0 + at, \quad x = v_0 t + \dfrac{1}{2} a t^2$$

また，この 2 つの式から t を消去すると，$v^2 - v_0^2 = 2ax$ が得られる。

要点 等加速度直線運動

$$v = v_0 + at, \quad x = v_0 t + \dfrac{1}{2} a t^2, \quad v^2 - v_0^2 = 2ax$$

2 等加速度直線運動の $v\text{-}t$ グラフ

一般に，等加速度直線運動をする物体の，速度 v と時間 t の関係を表すグラフは，図のような直線となり，物体の加速度 a と，出発してから時間 t 後の座標 x は，次のようになる。

加速度 a は直線の傾きに等しく，座標 x は色の部分の面積に相当する。

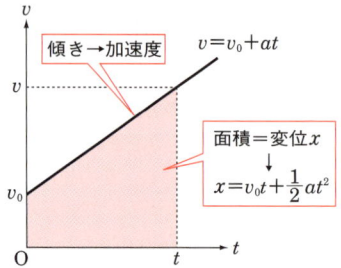

3│ 負の加速度 負の加速度は，一般的には減速する場合と考えてもよいが，厳密には，初速度の向きを正としたとき，加速度が初速度の逆を向いている場合である。

下図の運動では，図(a)のように，最初は減速するが，途中で折り返してから後は加速することになる。また，v-t グラフでこの運動を表すと，図(b)のようになり，x 軸より上側の色の部分の面積は正の方向に動いた距離を表し，x 軸より下側の色の部分の面積は負の方向に動いた距離を表す。

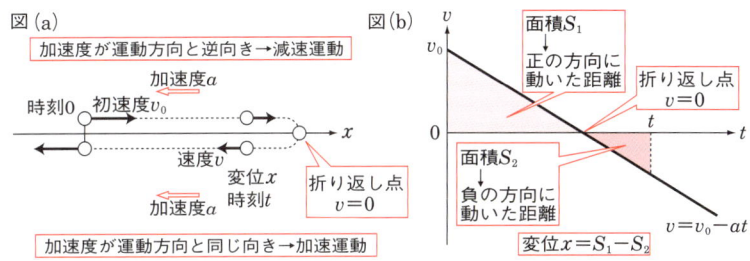

3 相対加速度

相対速度の場合と同様に，A の加速度を $\vec{a_A}$，B の加速度を $\vec{a_B}$ とするとき，A に対する B の相対加速度 $\vec{a}$ は，$\vec{a} = \vec{a_B} - \vec{a_A}$ と表される。

例題研究 等加速度直線運動

速さ 10m/s で進んでいた自動車が，ブレーキをかけて一定の加速度で減速し，10m 進んで止まった。このときの加速度を求めよ。

解 $v^2 - v_0^2 = 2ax$ より，$0 - 10^2 = 2 \times a \times 10$ よって，$a = -5 \text{m/s}^2$

答 運動する向きと逆向きで，大きさは **5m/s²**

例題研究 相対加速度

x 軸の正の方向に加速度 1.5m/s^2 で運動している板の上を，x 軸の負の向きに加速度 0.7m/s^2 で運動している物体がある。この物体の板に対する加速度はいくらか。

解 $\vec{a} = \vec{a_B} - \vec{a_A}$ より，物体の板に対する加速度 a は，
$a = -0.7 - 1.5 = -2.2 \text{[m/s}^2\text{]}$

答 x 軸の負の方向に **2.2m/s²**

3 自由落下運動

1 落下運動 重要

1 自由落下 重力だけがはたらいて，初速度 0m/s で真下に落下していく運動。初速度 **0m/s** で，加速度が重力加速度 $g(=9.8\text{m/s}^2)$ の**等加速度直線運動**になる。運動を始めた瞬間の時刻を 0 秒としたとき，時刻 t における速さ v，時刻 t までに落下した距離 y の間には，次の関係がある。

$$v = gt, \quad y = \frac{1}{2}gt^2, \quad v^2 = 2gy$$

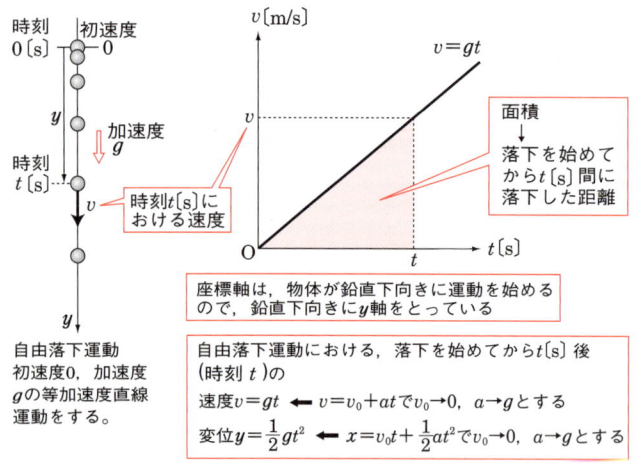

自由落下運動
初速度0，加速度gの等加速度直線運動をする。

自由落下運動における，落下を始めてからt[s]後（時刻 t）の
速度 $v = gt$ ← $v = v_0 + at$ で $v_0 \to 0$, $a \to g$ とする
変位 $y = \frac{1}{2}gt^2$ ← $x = v_0 t + \frac{1}{2}at^2$ で $v_0 \to 0$, $a \to g$ とする

2 上式の導き方 この式は，等加速度直線運動の式

$$v = v_0 + at, \quad x = v_0 t + \frac{1}{2}at^2, \quad v^2 - v_0^2 = 2ax$$

で，$v_0 = 0$，$a = g$（重力加速度）として得られる。
　　　　　　　　　　　　　　　　　→xはyに変えておく

3 鉛直投げ下ろし 重力だけがはたらいて，初速度が鉛直下向きに v_0 で投げ出される運動である。初速度が下向きに v_0 で，加速度が重力加速度 $g(=9.8\text{m/s}^2)$ の等加速度直線運動になる。運動を始めた瞬間の時刻を 0 秒としたとき，時刻 t における速さ v，時刻 t までに落下した距離 y の間には，次の関係がある。

1章 物体の運動

$$v=v_0+gt,\quad y=v_0t+\frac{1}{2}gt^2,\quad v^2-v_0{}^2=2gy$$

4 鉛直投げ上げ 重力だけがはたらいて，初速度が鉛直上向きに v_0 で投げ出される運動である。初速度が上向きに v_0 で，加速度が重力加速度 $g\,(=9.8\mathrm{m/s^2})$ の等加速度直線運動になる。運動を始めた瞬間の時刻を 0 秒としたとき，時刻 t における速さ v，時刻 t における変位 y の間には，次の関係がある。

> ココに注目！
> 最高点→速さ 0
> もとの高さに戻る→高さ 0

$$v=v_0-gt,\quad y=v_0t-\frac{1}{2}gt^2,\quad v^2-v_0{}^2=2(-g)y$$

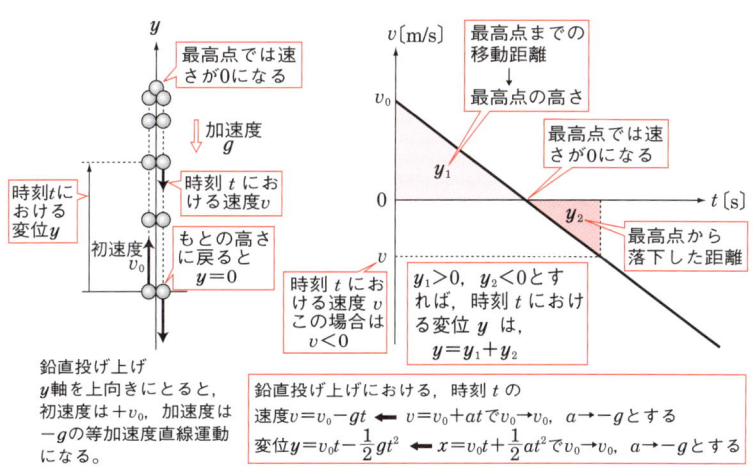

要点 落下運動
重力加速度 g の等加速度直線運動をする。

5 座標軸の決め方 座標軸の正の方向を決めるとき，一般的に初速度の方向を正とすることが多い。しかし，必ずこのようにしなければならないわけではない。座標軸を決めたうえで，加速度や速度の向きからそれぞれの値に±をつければよい。
→横軸は右側を+にすればよい

> ココに注目！
> 物体の最初の運動方向を正の向きと考えよ。

1編 運動とエネルギー

例題研究　鉛直投げ上げ

地上から小球を鉛直上向きに初速度 v_0 [m/s] で投げ上げた。

(1) 小球を投げ上げてから最高点に達するまでの時間はいくらか。
(2) 小球が最高点に達したときの高さはいくらか。
(3) 小球を投げ上げてから再び地面に達するまでの時間はいくらか。
(4) 小球が地面に衝突する直前の速さはいくらか。

解 (1) 最高点に達した瞬間には小球の速さは 0m/s になるから，小球を投げ上げてから最高点に達するまでの時間を t_1 とすれば，$v = v_0 - gt$ より，

$$0 = v_0 - gt_1$$

したがって，$t_1 = \dfrac{v_0}{g}$

(2) (1)の結果から，小球を投げ上げてから最高点に達するまでの時間 t_1 が $\dfrac{v_0}{g}$ であるから，$y = v_0 t - \dfrac{1}{2}gt^2$ より，

最高点の高さを h とすると，

$$h = v_0 t_1 - \frac{1}{2}g t_1^2 = v_0 \cdot \frac{v_0}{g} - \frac{1}{2} \cdot g \cdot \left(\frac{v_0}{g}\right)^2 = \frac{v_0^2}{2g}$$

(3) 小球が再び地面に達するのは，変位 $y = 0$ m になるときである。
小球を投げ上げてから再び地面に達するまでの時間を t_2 とすると，

$y = v_0 t - \dfrac{1}{2}gt^2$ より，

$$0 = v_0 t_2 - \frac{1}{2}g t_2^2$$

したがって，$t_2 = \dfrac{2v_0}{g}$ 　（$t_2 = 0$ は不適）

(4) (3)の結果から，小球を投げ上げてから再び地面に達するまでの時間 t_2 が $\dfrac{2v_0}{g}$ であるから，小球が地面に衝突する直前の速さ v は，

$$v = v_0 - g t_2 = v_0 - g \cdot \frac{2v_0}{g} = -v_0$$

v の大きさのみを考慮すると v_0 となる。

答 (1) $\dfrac{v_0}{g}$　(2) $\dfrac{v_0^2}{2g}$　(3) $\dfrac{2v_0}{g}$　(4) v_0

 放物運動

1 水平に投げた物体の運動

1 水平方向の運動と鉛直方向の運動

水平方向に初速度 v_0 で投げられた質量 m の物体の運動について考えてみよう。図のように、物体を投げた点を原点として、水平右向きに x 軸、鉛直下向きに y 軸をとる。空気の抵抗を考えなければ、**物体にはたらく力は鉛直下向きの重力だけである**から、物体の x 方向の運動は、速度 v_0 の等速直線運動であり、y 方向の運動は、初速度 0、加速度 g の等加速度直線運動である。
→だんだん速くなる

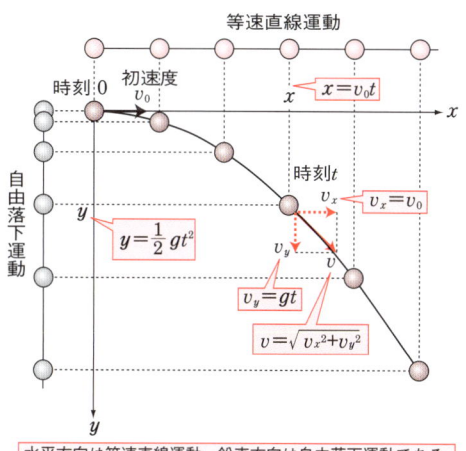

水平方向は等速直線運動、鉛直方向は自由落下運動である。

x 方向の運動→**速度 v_0 の等速直線運動**
y 方向の運動→**初速度 0、加速度 g の等加速度直線運動**
→自由落下運動

2 速度と位置の座標
投げてから時間 t 後の物体の速度 v の x 成分と y 成分を、それぞれ v_x, v_y とし、そのときの物体の位置の座標を x, y とすると、

速度 $v_x = v_0$, $v_y = gt$ 位置の座標 $x = v_0 t$, $y = \dfrac{1}{2} g t^2$

となる。

3 軌道の方程式
x と y を表す上の 2 つの式から t を消去すると、

$$y = \dfrac{g}{2v_0^2} x^2$$

が得られる。これは物体の運動の軌道を表す式であり、この式から、軌道は投げた点を頂点とする**放物線**になることがわかる。

2 斜め上方に投げた物体の運動

1 物体の水平方向と鉛直方向の運動

水平面と θ の角をなす向きに，初速度 v_0 で投げ上げられた質量 m の物体の運動について考えてみよう。図のように，物体を投げ上げた点を原点として，水平右向きに x 軸，鉛直上向きに y 軸をとると，初速度 v_0 の x 成分は $v_0\cos\theta$，y 成分は $v_0\sin\theta$ となる。また，**物体にはたらく力は，鉛直下向きの重力だけである**から物体の x 方向の運動は速度 $v_0\cos\theta$ の等速直線運動であり，y 方向の運動は初速度 $v_0\sin\theta$，加速度 $-g$ の等加速度直線運動である。

> **ココに注目！**
> 初速度も水平方向 v_x と鉛直方向 v_y に分けよ。
> $v_x = v_0\cos\theta$
> $v_y = v_0\sin\theta$

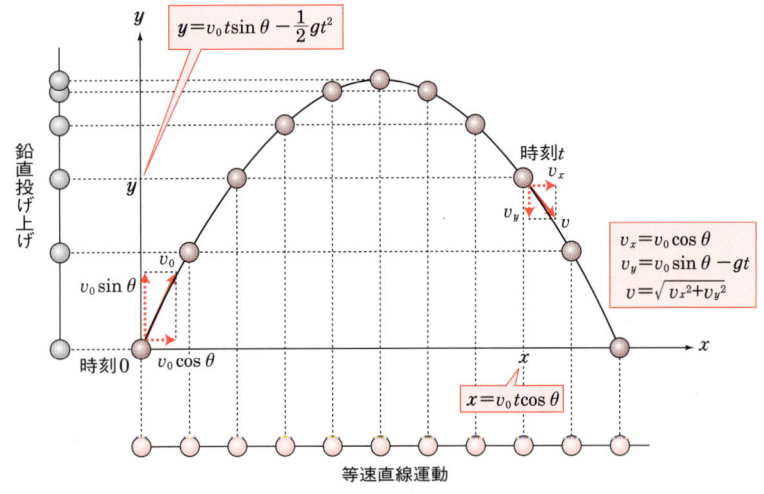

水平方向は等速直線運動，鉛直方向は鉛直投げ上げの運動である。

---

x 方向の運動 → 物体は x 方向の力を受けないので，
速さ $v_0\cos\theta$ の等速直線運動

y 方向の運動 → 物体は y の負の向きに重力を受けるから，
初速度 $v_0\sin\theta$，加速度 $-g$ の等加速度直線運動

2 | 速度と位置の座標　投げてから時間 t 後の物体の速度 v の x 成分と y 成分を，それぞれ v_x, v_y とし，そのときの物体の位置の座標を x, y とすると，

速度　$v_x = v_0 \cos\theta$, $v_y = v_0 \sin\theta - gt$

位置の座標　$x = v_0 t \cos\theta$, $y = v_0 t \sin\theta - \dfrac{1}{2}gt^2$

3 | 軌道の方程式　x と y を表す上の 2 つの式から t を消去して整理すると，

$$y = (\tan\theta)x - \dfrac{g}{2v_0{}^2 \cos^2\theta}x^2$$

が得られる。これから，物体の運動の軌道は**放物線**であることがわかる。

4 | 最高点の高さ　最高点 P では速度の鉛直成分が 0 となるから，物体を投げてから最高点に達するまでの時間を t_1 とすると，$t = t_1$ のとき $v_y = 0$
　　　　　　　　　　　　　　　　　　　　　　　↳水平成分は不変
となる。したがって，$0 = v_0 \sin\theta - gt_1$

よって，$t_1 = \dfrac{v_0 \sin\theta}{g}$

最高点の高さを H とすると，$t = t_1$ のとき，$y = H$ となるから，

$$H = v_0 \sin\theta \cdot \dfrac{v_0 \sin\theta}{g} - \dfrac{1}{2}g\left(\dfrac{v_0 \sin\theta}{g}\right)^2 = \dfrac{v_0{}^2 \sin^2\theta}{2g}$$

5 | 水平到達距離　到達点 Q は x 軸上にあるから，点 Q の y 座標は 0 である。したがって，物体を投げてから到達点 Q に達するまでの時間を t_2 とすると，$t = t_2$ のとき $y = 0$ となるから，

$$0 = v_0 \sin\theta \cdot t_2 - \dfrac{1}{2}g t_2{}^2$$

$t_2 = \dfrac{2v_0 \sin\theta}{g}$　　（$t_2 = 0$ は不適）

> **ココに注目！**
> 最高点→鉛直方向の速さ 0
> もとの高さに戻る→高さ 0

到達距離を L とすると，$t = t_2$ のとき，$x = L$ となるから，

$$L = v_0 \cos\theta \cdot \dfrac{2v_0 \sin\theta}{g} = \dfrac{2v_0{}^2 \sin\theta \cos\theta}{g} = \dfrac{v_0{}^2 \sin 2\theta}{g}$$

要点　最高点では，**速度の鉛直成分が 0** であり，
到達点では，**y 座標が 0** である。

例題研究　水平に投げ出された物体の運動

地上 30m の高さのところから，小球が水平方向に初速度 14m/s で投げられた。地面にあたる直前の小球の速度の大きさと方向を求めよ。ただし，地面は水平である。

解 小球が地面にあたるまでの時間 t は，$30 = \frac{1}{2} \times 9.8 \times t^2$ より，$t = \frac{10\sqrt{3}}{7}$ s

求める速度 v の x 成分，y 成分を，それぞれ v_x, v_y とすると，

$$v_x = 14\text{m/s} \qquad v_y = gt = 9.8 \times \frac{10\sqrt{3}}{7} = 14\sqrt{3} \text{ (m/s)}$$

よって，$v = \sqrt{v_x^2 + v_y^2} = \sqrt{14^2 + (14\sqrt{3})^2} = 28 \text{ (m/s)}$

また，$\tan\theta = \frac{v_y}{v_x} = \frac{14\sqrt{3}}{14} = \sqrt{3}$ より，$\theta = 60°$

答　28m/s，水平方向から 60°下向き

例題研究　斜め上方に投げ出された物体の運動

図のように，50m 離れた水平面上の 2 点 A，B の間で，A から 10m 離れた点 C に高さ 8m の棒が地面に垂直に立っている。いま，A から投げ上げた小球が，ちょうど棒の先端をかすめて，B に落ちるようにしたい。初速度の大きさと仰角を，それぞれいくらにすればよいか。

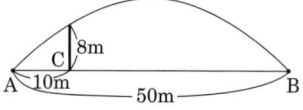

解 小球を投げてから棒の先端をかすめるまでの時間を t とし，初速度の大きさを v_0，仰角を θ とすると，

$$10 = v_0 \cos\theta \cdot t \quad \cdots\cdots ① \qquad 8 = v_0 \sin\theta \cdot t - \frac{1}{2}gt^2 \quad \cdots\cdots ②$$

また，小球を投げ上げてから B に落ちるまでの時間は $5t$ だから，

$$0 = v_0 \sin\theta \cdot 5t - \frac{1}{2}g(5t)^2 \quad \cdots\cdots ③ \qquad ②，③ より，t = \frac{2}{\sqrt{g}}$$

これを①，②に代入すると，$v_0 \cos\theta = 5\sqrt{g}$, $v_0 \sin\theta = 5\sqrt{g}$

この式から，$\tan\theta = 1$ 　　したがって，$\theta = 45°$

よって，$v_0 = \frac{5\sqrt{g}}{\sin\theta} = \frac{5\sqrt{g}}{\sin 45°} = 5\sqrt{2g} = 5 \times \sqrt{2 \times 9.8} ≒ 22 \text{ (m/s)}$

答　22m/s，45°

要点チェック

↓答えられたらマーク　　　　　　　　　　　　　　　　　　わからなければ ➡

※必要があれば重力加速度の大きさを 9.8m/s^2 として計算せよ。

☐ **1** 5.0s 間に 10m 移動したときの平均の速さは何 m/s か。　p.12

☐ **2** 速さ 15m/s で等速直線運動をしている物体が 4.0s 間に移動する距離は何 m か。　p.12

☐ **3** 等速直線運動をしている物体が 12s 間に 240m 移動した。この物体の速さは何 m/s か。　p.12

☐ **4** 速さ 1.5m/s で流れている川を上流に向かって舟が進んでいる。舟は静水に対して 4.0m/s で進むことができるとすれば，川岸から見た舟の速さは何 m/s か。　p.13 要点

☐ **5** 東向きに 20m/s で走行している自動車 A と，西向きに 15m/s で走行している自動車 B がある。自動車 A に対する自動車 B の相対速度はどちら向きに何 m/s か。　p.13 要点

☐ **6** 直線上を速さ 10m/s で運動していた物体が 8.0s 後に 26m/s になった。この物体の平均の加速度の大きさは何 m/s^2 か。　p.14

☐ **7** 加速度 3.0m/s^2 で直線上を運動している物体がある。運動を始めてから 4.0s 後の速さは何 m/s か。　p.14 要点

☐ **8** 加速度 3.0m/s^2 で直線上を運動している物体がある。運動を始めてから 4.0s 間で移動した距離は何 m か。　p.14 要点

☐ **9** 速さ 10m/s で運動していた物体が，等加速度直線運動をして 5.0m 移動して停止した。加速度の大きさは何 m/s^2 か。　p.14 要点

☐ **10** 右図のような v-t グラフで表される運動をしている物体が，運動を始めてから停止するまでに移動した距離は何 m か。　p.14

☐ **11** 自由落下運動をしている物体が 2.0s 間に落下した距離は何 m か。　p.16

☐ **12** 初速度 10m/s で投げ上げられた物体の 1.0s 後の速さは何 m/s か。また，そのときの高さは投げ出した点から何 m か。　p.17

答

1 2.0m/s，**2** 60m，**3** 20m/s，**4** 2.5m/s，**5** 西向きに 35m/s，**6** 2.0m/s^2，**7** 12m/s，**8** 24m，**9** 10m/s^2，**10** 21m，**11** $20\text{m}(19.6\text{m})$，**12** 0.2m/s，5.1m

1章 練習問題

解答→p.151

1 流れの速さが4.0m/sの川を、静水面に対して5.0m/sの速さで進むことができるモーターボートがある。

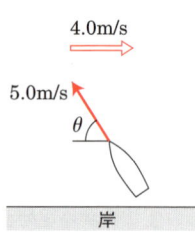

(1) このモーターボートが岸に対して垂直に川を横断するためには、船首をどの方向に向けて進めばよいか。船首の向きと岸とのなす角をθとして、$\cos\theta$の値で答えよ。

(2) (1)のとき、岸に対するモーターボートの速さはいくらか。

2 高さh〔m〕の塔の上から小球Aを自由落下させると同時に、その真下から小球Bを投げ上げた。高さ$\dfrac{h}{2}$で小球どうしが衝突するためには、小球Bの初速度はいくらでなければならないか。

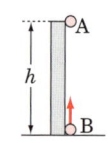

3 図のように、水平な地面の上から、小球Aを空中にある小球Bに向けて初速度v_0〔m/s〕で発射した。それと同時に小球Bを自由落下させたら、小球Aと小球Bは空中で衝突した。小球Bの高さをh〔m〕、衝突するまでに小球Aが水平方向に動いた距離をx〔m〕、重力加速度の大きさをg〔m/s²〕として、各問いに答えよ。

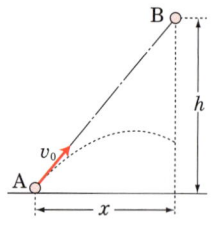

(1) 小球Aを発射してから小球Bに衝突するまでの時間t〔s〕を求めよ。

(2) 小球Aが小球Bと空中で衝突するための条件を求めよ。

4 水面に対して速さ5.0m/sで走行している船の高さ10mのマストの上から、小物体を静かに放した。重力加速度の大きさを9.8m/s²として、次の問いに答えよ。

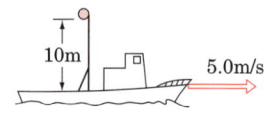

HINT
2 t秒後、(小球Aの落下距離)=(小球Bの上昇距離)となる。
3 (2) (t秒間に小球Bが落下した距離)<hであれば、空中で衝突する。

(1) 物体が甲板に衝突するまでに何秒かかるか。
(2) 物体が甲板に衝突するときに，船に対する物体の速さはいくらか。
(3) 物体が甲板に衝突するときに，水面に対する物体の速さはいくらか。

5 x 軸上を正の方向に運動している物体がある。物体が原点を通過したときの時刻を 0 としたとき，物体の v-t 図は，右のようになった。

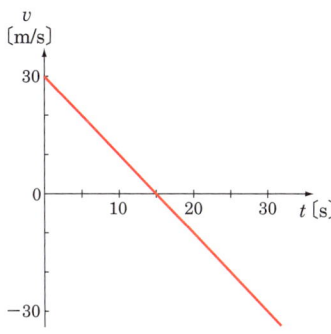

(1) この物体の加速度を求めよ。
(2) 物体が原点から正の向きに最も遠ざかったときの x 座標を求めよ。
(3) 時刻 0s から 20s の間に物体が動いた道のりを求めよ。
(4) 時刻 20s における物体の速さと x 座標を求めよ。

6 速さ 20m/s で水平方向に走行している電車の窓から，降っている雨を観察したところ，雨が鉛直方向に対して 60°の角をなして，前方から降ってくるように見えた。雨滴の落下速度はいくらか。ただし，無風状態であったとする。

7 水平な地面から 19.6m の高さの位置にある点 O から，小石を水平面より 30°上に向け，29.4m/s の初速度で投げた。
(1) 小石が地面にあたるまでに何秒かかるか。
(2) 小石が地面にあたる点 P と投げた点 O との水平距離はいくらか。
(3) 小石が地面にあたるときの速度の大きさとその方向が地面となす角とを求めよ。

HINT
4 (3) 小物体は船の外から見ると，水平方向に 5.0m/s の等速直線運動をしている。
5 (1) v-t グラフの直線の傾きが加速度を表す。
6 速度ベクトルの関係を図に表してみるとよい。
7 O を原点とし，水平方向を x 軸，鉛直方向を y 軸とした座標軸をとる。

5 いろいろな力

1 いろいろな力 重要

1｜重力 地球上の物体が地球から受ける力を**重力**という。物体にはたらいている重力の向きは鉛直下向きで，その作用点は物体の重心である。質量 m [kg] の物体にはたらく重力の大きさは mg [N] である。

2｜垂直抗力 図1のように，水平な机の上に置かれている物体は，接触している面を鉛直下方に押しているので，机の面は物体を鉛直上向きに押している。物体にはたらくこの鉛直上向きの力を**垂直抗力**という。

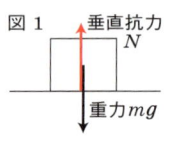

図1

3｜糸の張力 図2のように，天井から糸でつるされているおもりは，糸の下端を鉛直下向きに引っぱっている。したがって，糸の下端はおもりを鉛直上向きに引っぱっている。おもりにはたらくこの鉛直上向きの力のことを糸の**張力**と呼んでいる。

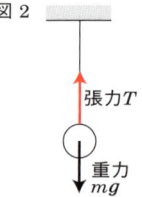

図2

4｜弾性力 図3のように，つるまきばねの上端を天井に固定し，下端におもりを取りつけてばねを引き伸ばすと，ばねはもとの長さまで縮もうとしておもりに鉛直上向きの力を及ぼす。このように，**引き伸ばされたり，押し縮められたりしたばねが他の物体に及ぼす力を弾性力**という。

つるまきばねの伸び（または縮み）の大きさを x とし，そのときの弾性力の大きさを F とすると，F は x に**比例する**。すなわち，一定の範囲で比例する $F=kx$ で，これを**フックの法則**という。k はばねによって決まる定数で**ばね定数**という。

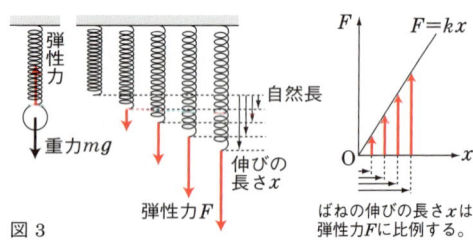

図3

ばねの伸びの長さ x は弾性力 F に比例する。

要点

フックの法則 ⇒ ばねの伸びの長さと弾性力は比例する。
$F=kx$ （k：ばね定数）

5 浮力
物体は排除した流体(液体や気体)にはたらく重力と等しい大きさの力を重力と反対の向きに受ける。この力を浮力という(アルキメデスの原理)。図のように，密度 ρ [kg/m³] の液体中に沈んでいる部分の体積が V [m³] の物体にはたらく浮力の大きさ F [N] は，排除された液体の質量が ρV [kg] なので，

$$F = \rho V g$$

2 圧力と水圧 重要

1 圧力
単位面積($1\mathrm{m}^2$)あたりにはたらく力が圧力である。圧力の単位は **Pa**(パスカル)であり，N/m² を使うこともある。面積 S [m²] の面全体に F [N] の力がはたらいているとき，面に加えられる圧力 p [Pa] は，

$$p = \frac{F}{S}$$

2 水圧
大気圧が p_0 [Pa] のとき，水深 h [m] における水圧 p [Pa] は，$p = p_0 + \rho h g$ である。ここで，ρ [kg/m³] は水の密度を表している。図のように，$1\mathrm{m}^2$ の面 A を考えると，面 A の上にある水と空気の柱にはたらく重力が面 A の水圧になる。面 A の上にある水の質量は ρh [kg] だから，これにはたらく重力の大きさは $\rho h g$ [N] である。水面における空気の圧力 p_0 がこの上にある空気にはたらく重力に等しいので，水圧 p [Pa] は，

$$p = p_0 + \rho h g$$

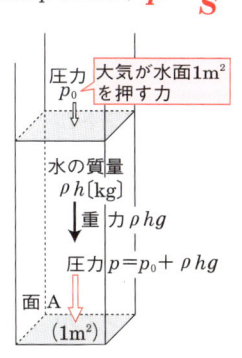

ココに注目！ 水圧を考える場合は，大気圧を入れない場合もある。

例題研究　海水の圧力

海面から 10m の深さまで潜ったとき，圧力は何 Pa になるか。ただし，大気圧を 1.0×10^5 Pa，海水の密度を 1.0×10^3 kg/m³ とする。

解 底面積が S [m²] で高さが 10m の海水の質量は，$1.0 \times 10^3 \times 10 S = 1.0 S \times 10^4$ [kg] だから，この海水にはたらく重力の大きさは，

$$1.0 S \times 10^4 \times 9.8 = 9.8 S \times 10^4 \text{ [N]}$$

よって，$p = 1.0 \times 10^5 + \dfrac{9.8 S \times 10^4}{S} \fallingdotseq 2.0 \times 10^5$ [Pa]　　**答　2.0×10^5 Pa**

6 力の合成・分解

1 ベクトル

1│ ベクトルの表し方 大きさと向きをもつ量を<u>ベクトル</u>という。ベクトルは，矢印の長さによって大きさを表し，矢印の方向によって向きを表す。

2│ ベクトルの成分 図のように，ベクトル$\vec{a}$をx軸，y軸に射影したものa_x, a_yをベクトルの**x成分**，**y成分**と呼ぶ。

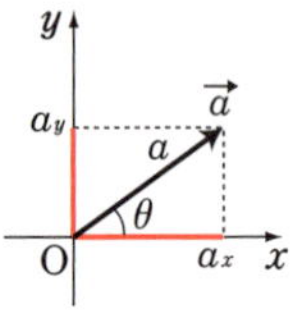

a_x, a_yは，
→符号も考える

$$a_x = a\cos\theta, \quad a_y = a\sin\theta$$

となり，ベクトル$\vec{a}$を$\vec{a} = (a_x, a_y)$と成分表示できる。このときベクトル$\vec{a}$の大きさは，

$$|\vec{a}| = \sqrt{a_x{}^2 + a_y{}^2}$$ である。

ココに注目！
ベクトルの成分を考えるときはx軸から反時計回りの角度で考えよ。

2 力のベクトル

1│ 力の作用点 力がはたらく点を**作用点**という。

2│ 力の作用線 作用点から力の方向に引いた直線を**作用線**という。

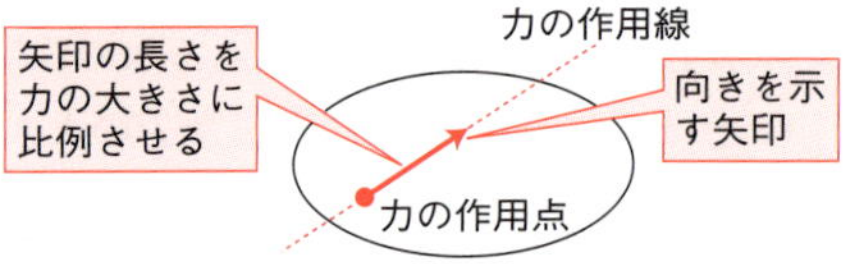

矢印の長さを力の大きさに比例させる
力の作用線
向きを示す矢印
力の作用点

3│ 力のベクトル 力はベクトルで，右の図のような矢印で表す。ふつう，力のベクトルは作用点からかくが，力の合成や分解をするときは，作用線上で動かしてもよい。

> **要点**
> 力の**作用点** ⇨ 力がはたらく点
> 力の**作用線** ⇨ 作用点から力の方向に引いた直線

3 力の合成と分解 **重要**

1│ 力の合成 F_AとF_Bの2力のベクトルがつくる平行四辺形の対角線で表されるベクトルを，F_AとF_Bの**合力**といい，合力を求めることを**力の合成**という。

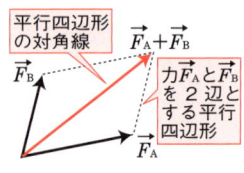

平行四辺形の対角線
$\vec{F_A} + \vec{F_B}$
力$\vec{F_A}$と$\vec{F_B}$を2辺とする平行四辺形

2 力の分解 1つの力を，その力を対角線とする平行四辺形によって2つの力に分けることを**力の分解**といい，分けられた力を**分力**という。分力を合成すると，もとの力になる。

力を分解する場合，いろいろな方向に分けることができるが，一般に，右の図の(b)のように，**直角な2方向に分ける**。また，図(b)のように，x方向とy方向に分けた分力の大きさF_x，F_yは，

$F_x = F\cos\theta$
$F_y = F\sin\theta$

と表される。

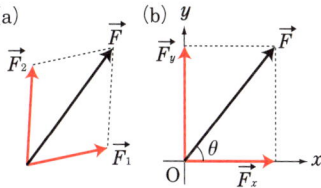

> **要点**
> x方向とy方向に分けた分力の大きさF_x，F_yは
> $$F_x = F\cos\theta, \quad F_y = F\sin\theta$$

3 三角比 図のような直角三角形の2辺の比を，**三角比**といい，次のように定義する。

$$\sin\theta = \frac{b}{a}, \quad \cos\theta = \frac{c}{a}, \quad \tan\theta = \frac{b}{c}$$

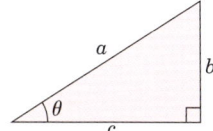

例題研究　分力の大きさ

図の(a)，(b)のように，x軸とのなす角が60°，150°の方向にはたらく力の分力の大きさF_x，F_yを求めよ。

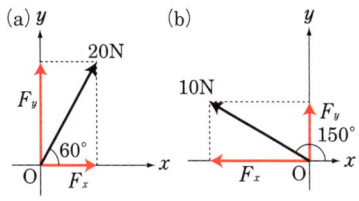

解 (a) $F_x = 20\cos 60° = 10$ [N]
$F_y = 20\sin 60° ≒ 17$ [N]
(b) 大きさを求める場合は$0° \leq \theta \leq 90°$の範囲で考えるとよいので，

$F_x = 10\cos(180° - 150°) = 10\cos 30° ≒ 8.7$ [N]
$F_y = 10\sin(180° - 150°) = 10\sin 30° = 5.0$ [N]

答 (a) $F_x = 10$N，$F_y = 17$N　(b) $F_x = 8.7$N，$F_y = 5.0$N

1編 運動とエネルギー

7 力のつりあいと作用反作用の法則

1 力のつりあい 重要

1 2力のつりあい

a) 物体に2つの力 $\vec{F_A}$ と $\vec{F_B}$ がはたらいている場合，その**2力の向きが反対で大きさが等しく同一作用線上にあるとき，物体にはたらいている2力はつりあっている**（図1）。

$$\vec{F_A} = -\vec{F_B}$$
ゆえに，$\vec{F_A} + \vec{F_B} = \vec{0}$

b) 2力がつりあっているとき，各方向の分力もつりあっている（図2）。
  x 方向の分力について，$\vec{F_{Ax}} = -\vec{F_{Bx}}$　　ゆえに，$\vec{F_{Ax}} + \vec{F_{Bx}} = \vec{0}$
  y 方向の分力について，$\vec{F_{Ay}} = -\vec{F_{By}}$　　ゆえに，$\vec{F_{Ay}} + \vec{F_{By}} = \vec{0}$

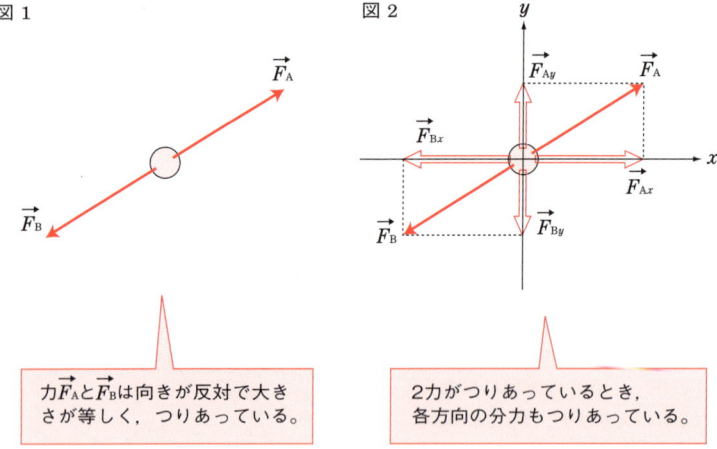

力 $\vec{F_A}$ と $\vec{F_B}$ は向きが反対で大きさが等しく，つりあっている。

2力がつりあっているとき，各方向の分力もつりあっている。

▲2力のつりあい

2 3力のつりあい

a) 物体に3つの力 $\vec{F_A}$，$\vec{F_B}$，$\vec{F_C}$ がはたらいている場合，**$\vec{F_A}$，$\vec{F_B}$，$\vec{F_C}$ の3力の合力が0になるとき，3力はつりあっている**。このとき2力の合力 $\vec{F_A} + \vec{F_B}$ は，残りの力 $\vec{F_C}$ と向きが反対で大きさが等しい。つまり，2力のつりあいと同じである（図3）。

$$\vec{F_A} + \vec{F_B} + \vec{F_C} = \vec{0}$$
ゆえに，$\vec{F_A} + \vec{F_B} = -\vec{F_C}$

b) 3力がつりあっているとき，各方向の分力もつりあっている（図4）。

x 成分 $\cdots F_{Ax} = F_{Bx} + F_{Cx}$

y 成分 $\cdots F_{Ay} + F_{By} = F_{Cy}$

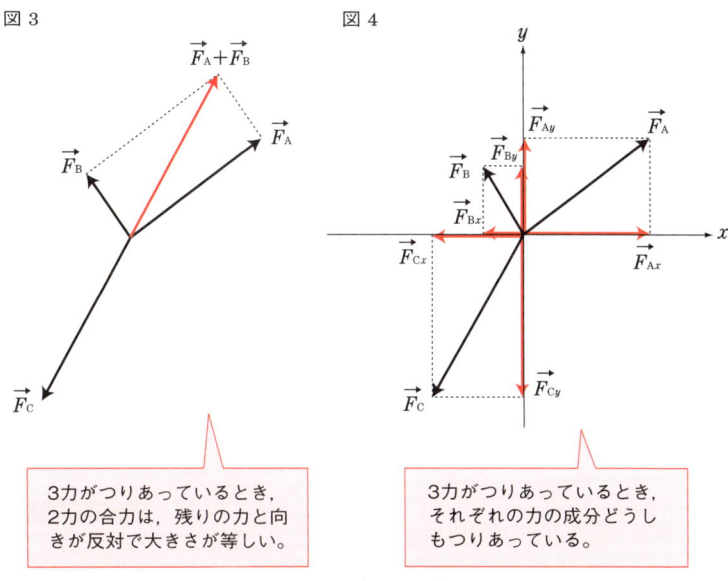

3力がつりあっているとき，2力の合力は，残りの力と向きが反対で大きさが等しい。

3力がつりあっているとき，それぞれの力の成分どうしもつりあっている。

▲3力のつりあい

3 | 多くの力のつりあい 多くの力のつりあいを考える場合，その中の2力の合力を求め，力の数を減らしていく。すると，最終的には，2力のつりあいとして考えることができる。
→1つずつ順に減らしていく

4 | 力がつりあうための条件 力がつりあうためには，物体にはたらくすべての力の合力が **0** でなければならない。また，それぞれの力を分解したとき，各力の x 成分どうしの和と y 成分どうしの和がそれぞれ 0 でなければならない。

要点 〔力がつりあうための条件〕
① 物体にはたらく**すべての力の合力が 0** になる。 ⇨ 物体にはたらくすべての力を合成し、**2 力**にすると、それらは同一直線上にあり、大きさが等しく、互いに逆向き。
② 各力の x 成分の和＝**0**
各力の y 成分の和＝**0**

2 作用と反作用

2つの物体が接している場所では、それぞれの物体は互いに力を及ぼしあう。たとえば、図のように、箱Bの上に球Aをのせると、箱は球から押され、逆に、球は箱から押される。このように2つの物体間には対となる力が作用しあっている。この一方の力を**作用**、他方の力を**反作用**という。作用と反作用は、同じ作用線上にあり、大きさが等しく、向きが反対の力で、それぞれの物体の接点にはたらく。

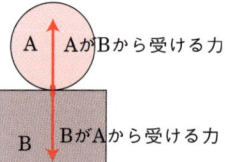

要点 〔作用・反作用とつりあいの力の違い〕
作用・反作用の力はそれぞれ**別の物体**にはたらいており、つりあいの力は**1つの物体**にはたらいている点で異なる。

ココに注目！
つりあいの力→1つの物体にはたらく
作用・反作用の力→別々の物体にはたらく

例題研究 垂直抗力

図のように、水平面と θ の角度をなす斜面上に質量 m 〔kg〕の物体を置いたところ、物体は静止していた。物体にはたらく摩擦力の大きさと斜面からの垂直抗力の大きさは、それぞれ何 N か。ただし、質量 m〔kg〕の物体にはたらく重力は mg〔N〕である。

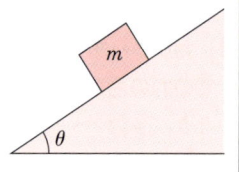

解 物体にはたらく力は，重力，斜面からの垂直抗力，摩擦力で，この3力がつりあって物体は静止している。重力，垂直抗力，摩擦力の3力は右図のようにはたらくので，斜面に平行な方向と垂直な方向の分力のつりあいで考えることにする。

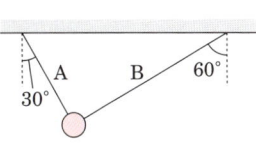

摩擦力は斜面に平行で，垂直抗力は斜面に垂直なので，重力だけを分解すればよい。重力 mg の斜面に平行な方向の分力の大きさは $mg\sin\theta$，斜面に垂直な方向の分力の大きさは $mg\cos\theta$ であるから，摩擦力の大きさを F，垂直抗力の大きさを N とすれば，斜面に平行な方向の分力のつりあいの式は，

$$F - mg\sin\theta = 0 \quad \text{ゆえに，} F = mg\sin\theta \,\text{[N]}$$

斜面に垂直な方向の分力のつりあいの式は，

$$N - mg\cos\theta = 0 \quad \text{ゆえに，} N = mg\cos\theta \,\text{[N]}$$

答 摩擦力：$mg\sin\theta$ [N]，垂直抗力：$mg\cos\theta$ [N]

例題研究　3つの力のつりあい

右図のように，天井から2本の糸A，Bでつり下げられた質量 m [kg] の小球がある。糸Aは鉛直方向と30°，糸Bは鉛直方向と60°の角度をなしていたとすれば，2本の糸の張力の大きさ T_A，T_B はそれぞれ何Nか。

解 糸の張力 T_A，T_B と重力を鉛直方向と水平方向に分解して分力のつりあいを考える。

質量 m [kg] の物体にはたらく重力は，mg [N] であるから，鉛直方向のつりあいの式は，

$$T_A \cos 30° + T_B \cos 60° - mg = 0$$

水平方向のつりあいの式は，

$$-T_A \sin 30° + T_B \sin 60° = 0$$

よって，この2式から T_A，T_B を求めると，

$$T_A = \frac{\sqrt{3}}{2}mg \,\text{[N]}, \quad T_B = \frac{1}{2}mg \,\text{[N]}$$

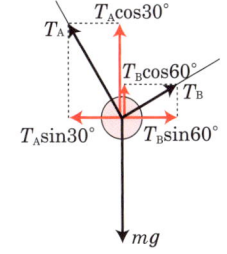

答 $T_A = \dfrac{\sqrt{3}}{2}mg$ [N]，$T_B = \dfrac{1}{2}mg$ [N]

8 運動の法則と運動方程式

1 運動の第1法則（慣性の法則）

物体に外から力がはたらかなければ，静止している物体はいつまでも静止したままであり，運動している物体はいつまでも等速直線運動を続ける。これを**運動の第1法則**，または**慣性の法則**という。

2 運動の第2法則（運動の法則）

1│運動の法則 物体に力がはたらくと，力の向きに加速度を生じる。この加速度の大きさは力の大きさに比例し，物体の質量に反比例する。したがって，物体の質量を m，加速度を $\vec{a}$，力を $\vec{F}$，比例定数を k とすれば，$\vec{a}=k\cdot\dfrac{\vec{F}}{m}$ となる。これを**運動の第2法則**，または**運動の法則**という。

2│運動方程式 質量 $1\,\mathrm{kg}$ の物体にはたらいて，それに $1\,\mathrm{m/s^2}$ の加速度を生じさせる力を **1ニュートン**（記号 N）と約束する。この単位を用いて力の大きさをはかると，上の式の比例定数は $k=1$ となり，運動の法則を示す式は，$m\vec{a}=\vec{F}$ となる。これを**運動方程式**という。

要点

運動方程式
$$m\vec{a}=\vec{F}$$

ココに注目！
運動方程式の $\vec{F}$ は，物体にはたらく力の合力

3│力の単位 （質量）×（加速度）＝（力）より，
$$1\,\mathrm{N}=1\,\mathrm{kg}\times1\,\mathrm{m/s^2}=1\,\mathrm{kg\cdot m/s^2}$$
である。力の単位〔N〕は，運動方程式をもとにして定めた力の単位で，場所に関係なく定まる。これを**力の絶対単位**という。

3 運動の第3法則（作用・反作用の法則）

物体Aから物体Bに力がはたらくと，それと同時に，BからAにも力がはたらく。これらの2力は同一直線上にあり，大きさが等しく，向きが反対である。これを**運動の第3法則**，または**作用・反作用の法則**という。

4 運動方程式のたて方

物体にいくつかの力がはたらいている場合には，運動方程式は次のような順序でたてるとよい。

(1) 運動している物体にはたらいている**力**をもれなく図示する。
(2) 物体が運動する方向に **x 軸**をとり，それと垂直な方向に **y 軸**をとる。
(3) 物体の**加速度 a の向き**は，**x 方向の正の向き**であると仮定する。
(4) 物体にはたらいている**力を x 方向と y 方向に分解**する。
(5) 運動方程式の左辺は **ma** と書く。右辺は力の x 方向の成分のうち，正の向きの力を正，負の向きの力を負としてそれらの**力の代数和**を書く。
(6) 力の y 方向の成分については，正の向きの力の和を負の向きの力の和に等しいとおいて**つりあいの式**をたてる。

5 摩擦力

1│ 静止摩擦力 図のように，水平であらい床の上に置かれている物体に，水平方向の力 P を加えるとき，P が小さければ物体は動かない。

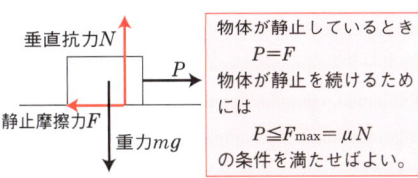

物体が静止しているとき
　$P=F$
物体が静止を続けるためには
　$P \leqq F_{max} = \mu N$
の条件を満たせばよい。

これは床との接触面にそって物体の動きを妨げる向きに摩擦力 F がはたらき，P と F がつりあうからである。P がある限度をこえると物体は動き出す。したがって，F の大きさには一定の限度があることがわかる。
一般に，静止している物体にはたらく摩擦力を**静止摩擦力**といい，最大限度の大きさになったときの摩擦力 F_{max} を**最大(静止)摩擦力**という。F_{max} は垂直抗力 N に比例し，次の関係が成り立つ。

ココに注目！
静止摩擦力は，加えられた力とつりあうように大きさが変化する。

$$F_{max} = \mu N$$

この比例定数 μ を**静止摩擦係数**という。

静止摩擦力 ⇨ 物体にはたらく他の力とつりあうようにはたらく。
最大摩擦力 ⇨ 最大摩擦力 $F_{max}(=\mu N)$ 以上の力を加えると物体は運動を始める。

2 | 摩擦角 質量 m [kg] の物体を平板上に乗せ，板をゆっくりと傾けていったときに，水平面とのなす角度が θ_0 をこえると，物体は板の上をすべり出した。このとき摩擦力は最大になるので，**重力と垂直抗力の合力 $mg\sin\theta_0$ と最大摩擦力 $\mu mg\cos\theta_0$ はつりあう。**

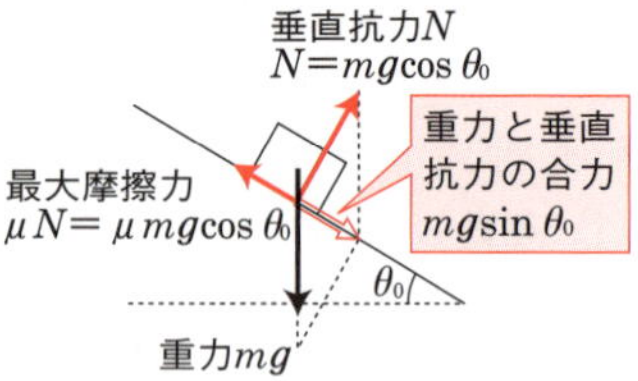

よって，$\mu mg\cos\theta_0 = mg\sin\theta_0$

ゆえに，**$\mu = \tan\theta_0$**

これから静止摩擦係数 μ が求められる。このときの θ_0 を**摩擦角**と呼ぶ。

3 | 動摩擦力 物体が水平面や斜面の上をすべっているときにも，接触面にそって運動を妨げる向きに摩擦力がはたらく。これを**動摩擦力**という。動摩擦力の大きさ F' は，接触面の面積や物体の速度には関係なく，垂直抗力に比例する。すなわち，**$F' = \mu' N$** となる。この比例定数 μ' を**動摩擦係数**という。一般に，同じ面では，μ' は μ より小さい。

→動摩擦力＜最大摩擦力

> **要点** 動摩擦力の大きさは垂直抗力に比例する。　　$F' = \mu' N$

例題研究　運動方程式

水平面と θ の角度をなす，なめらかな斜面上に質量 m の小物体を置き，静かにはなしたところ，物体は斜面をすべりおりた。物体に生じる加速度の大きさを求めよ。ただし，重力加速度の大きさを g とする。

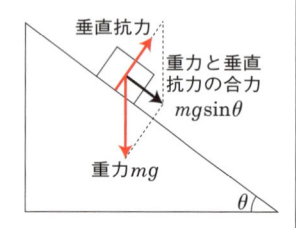

解 物体にはたらく力は，重力と斜面からの垂直抗力である。物体にはたらく力の合力は斜面平行下向きで，その大きさは $mg\sin\theta$ である。

物体に生じる加速度の大きさを a として運動方程式をつくれば，

$$ma = mg\sin\theta$$

となり，$a = g\sin\theta$ と求められる。

答　$g\sin\theta$

例題研究　運動方程式

水平面上に質量がそれぞれ m_1 および m_2 の2物体A，Bを置き，図のように糸でつなぐ。いま，物体Bに力 F を加え続けて，A，Bおよび糸が一直線をなす方向に引っ張るとき，両物体の加速度 a と糸の張力 T はいくらか。ただし，物体A，Bと水平面との間の動摩擦係数を μ，重力加速度を g とする。

解　Aについて，運動方程式とつりあいの式をたてると，

$$m_1 a = T - \mu N_1, \ N_1 = m_1 g$$

ゆえに，$m_1 a = T - \mu m_1 g$ ……①

Bについては，

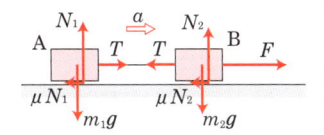

$$m_2 a = F - \mu N_2 - T, \ N_2 = m_2 g$$

ゆえに，$m_2 a = F - \mu m_2 g - T$ ……②

①，②より，

$$a = \frac{F - \mu(m_1 + m_2)g}{m_1 + m_2}, \ T = \frac{m_1 F}{m_1 + m_2}$$

答　$a = \dfrac{F - \mu(m_1 + m_2)g}{m_1 + m_2}, \ T = \dfrac{m_1 F}{m_1 + m_2}$

例題研究　運動方程式

なめらかに回転できる滑車に，質量 M と m の物体A，Bを軽い糸でつなぎ，滑車にかけ，静かにはなした。$M > m$ のとき，物体に生じる加速度の大きさ a と糸の張力の大きさ T を求めよ。ただし，重力加速度の大きさを g とする。

解　物体Aの運動方程式をつくると，

$$Ma = Mg - T$$

物体Bの運動方程式をつくると，

$$ma = T - mg$$

となる。この2式を連立して解くと，

$$a = \frac{M - m}{M + m} g, \ T = \frac{2Mm}{M + m} g$$

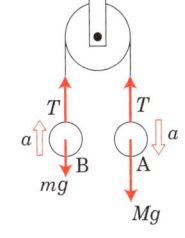

答　$a = \dfrac{M - m}{M + m} g, \ T = \dfrac{2Mm}{M + m} g$

9 摩擦力や空気抵抗を受ける運動

1 摩擦力や抵抗力がはたらく場合の運動 重要

1│ あらい水平面上の物体の運動 図のように，水平面上を速さ v [m/s] で運動していた質量 m [kg] の物体が摩擦力によって静止するとき，物体の運動について考えてみよう。物体には，重力 mg と垂直抗力 N，動摩擦力 F がはたらいている。物体は水平面上を運動するので，鉛直方向にはたらいている力はつりあっている。

したがって，$N = mg$

この物体と面との動摩擦係数を μ' とすれば，動摩擦力 F は，$F = \mu'N = \mu'mg$ であるから，物体に生じる加速度を a [m/s²] とすれば運動方程式は，$ma = -\mu'mg$ となり，$a = -\mu'g$ であることがわかる。運動方向に加速度をとって求めた結果が負になったので，物体は減速の運動をしていることがわかる。
→運動方向と逆向きに力がはたらいている

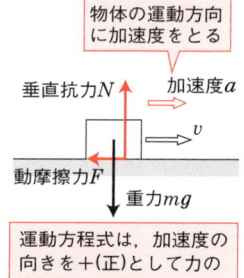

> 物体の運動方向に加速度をとる
>
> 運動方程式は，加速度の向きを＋(正)として力の向きを±で考える
> $ma = -F$

要点 物体の**運動方向**に**加速度 a** をとる。運動方程式を解いた結果
$a > 0$ ⇨ **加速**の運動，$a < 0$ ⇨ **減速**の運動

2│ あらい斜面上の物体の運動 傾斜角 θ のあらい斜面にそって，質量 m の物体に初速度を与え，物体をすべりおろすときの運動について考える。

図のように，垂直抗力を N，物体と斜面との間の動摩擦係数を μ' とすると，動摩擦力の大きさは $\mu'N$ で，その向きは物体が運動する向きと逆の向きである。いま，物体の加速度を a とし，斜面にそって下向きを正として運動方程式をたてると，$ma = mg\sin\theta - \mu'N$

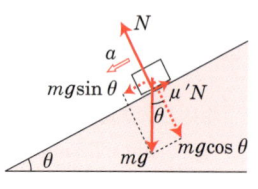

また，物体にはたらく力の斜面に垂直な方向の成分はつりあっているから，
$N = mg\cos\theta$

この両式より，$a = g(\sin\theta - \mu'\cos\theta)$ となる。

したがって，$\sin\theta - \mu'\cos\theta = 0$，つまり，$\mu' = \tan\theta$ のときは，$a = 0$ となり，この物体は，**初速度と等しい一定速度ですべりおりる**ことになる。
→力がはたらいていない

3｜空気の抵抗力を受ける物体の運動

空気中を運動する物体は，空気から運動する向きと逆向きの抵抗力を受ける。その一例として，空気中を落下する雨滴の運動について考えてみよう。

雨滴にはたらく抵抗力の大きさは，雨滴の速度 v に比例するから，その比例定数を k，雨滴の質量を m，加速度を a とし，鉛直下向きを正として運動方程式をたてると，

$$ma = mg - kv \qquad \text{ゆえに，} a = \frac{mg - kv}{m}$$

この式から，a の値は，v の値が大きくなるにしたがって，しだいに小さくなっていくことがわかる。したがって，a の値が0になると，それ以後の雨滴の速度は一定となり，変化しなくなる。このときの速度を**終端速度**といい，その大きさを v_f とすると，$mg = kv_f$ より，

$$v_f = \frac{mg}{k} \text{となる。}$$

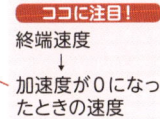

ココに注目！
終端速度
↓
加速度が0になったときの速度

例題研究 気球の終端速度

全質量 M〔kg〕の気球が大気中で静止している。いま，質量 m〔kg〕の砂袋を捨てたところ，気球は上昇を始めた。運動を始めた気球は速さ v〔m/s〕に比例する空気抵抗 kv〔N〕を受ける。砂袋の体積は無視し，重力加速度の大きさを g〔m/s²〕として，以下の問いに答えよ。

(1) 気球が速さ v で運動しているとき，気球の加速度の大きさ a を求めよ。
(2) やがて気球は等速運動になった。このときの速さ v_E を求めよ。

解 (1) 浮力を F とすると，静止しているときのつりあいの式は，$F = Mg$

気球が速さ v で運動しているときの運動方程式は，

$$(M - m)a = F - (M - m)g - kv \text{ であるから，} a = \frac{mg - kv}{M - m}$$

(2) $a = 0$ のとき $v = v_E$ になるので，$0 = mg - kv_E$ ゆえに，$v_E = \frac{mg}{k}$

答 (1) $\dfrac{mg - kv}{M - m}$ (2) $\dfrac{mg}{k}$

要点チェック

↓答えられたらマーク　　　　　　　　　　　　　　　　　　　わからなければ⮕

- **1** 質量 2.0kg の物体にはたらく重力の大きさは何 N か。　p.26
- **2** ばね定数 40N/m のばねに 2.0N の力を加えてばねを伸ばしたとき，ばねの伸びの長さは何 m か。　p.26 要点
- **3** 水に浮いている木片がある。木片の水中部分の体積が 0.0020m^3 であるとすれば，木片にはたらく浮力の大きさは何 N か。水の密度を 1000kg/m^3 とする。　p.27
- **4** 面積 4.0×10^{-3}m^2 の面を押す力が 400N のとき，面に加えられた圧力は何 Pa か。　p.27
- **5** 図のように 1.5N と 2.0N の力を合成したとき，合力の大きさは何 N か。　p.28
- **6** 図のように 5.0N の力を x 方向と y 方向に分解したとき，分力の大きさ F_x と F_y はそれぞれ何 N か。　p.29 要点
- **7** 水平面上に置かれた質量 2.0kg の物体に水平方向に力を加え，徐々に大きくしたところ，4.9N をこえたとき物体は動き出した。物体と水平面との静止摩擦係数を求めよ。　p.35
- **8** なめらかな水平面上に置かれた質量 2.0kg の物体を 0.36N の力で引っ張った。物体に生じた加速度の大きさは何 m/s^2 か。　p.35
- **9** 水平面と 30° の角度をなすなめらかな斜面上に質量 2.0kg の物体を置いて静かにはなしたとき，物体に生じる加速度の大きさは何 m/s^2 か。　p.35
- **10** 水平面上に置かれた質量 5.0kg の物体に 1.5N の力を水平方向に加えても，物体は静止していた。物体にはたらく静止摩擦力の大きさは何 N か。　p.35
- **11** 動摩擦係数 0.30 の水平面上を運動している質量 4.0kg の物体にはたらく摩擦力の大きさは何 N か。　p.36 要点

答

1 20N，**2** 0.050m，**3** 20N，**4** 1.0×10^5Pa，**5** 2.5N，**6** F_x：4.3N，F_y：2.5N，
7 0.25，**8** 0.18m/s^2，**9** 4.9m/s^2，**10** 1.5N，**11** 12N

2章 練習問題

解答→p.153

1 図のように平面上の板の上に，質量 m〔kg〕の物体が置かれている。板の一端を徐々に持ち上げていくと，板が水平面となす角度が θ_0 をこえたとき，物体は斜面に沿って動き出した。物体にはたらく重力を mg〔N〕として，以下の問いに答えよ。

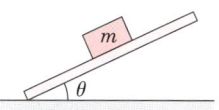

(1) 板が水平面と θ（$\theta < \theta_0$）の角度をなしているときの，物体にはたらく摩擦力 F〔N〕と板からの垂直抗力 N〔N〕を求めよ。

(2) 板と物体との間の静止摩擦係数 μ を求めよ。

2 一端を天井に固定した長さ 25cm の糸の他端に，質量 m〔kg〕のおもりをつるした。このおもりに，水平方向に大きさ F〔N〕の力を加えて，図のような位置でつりあわせた。糸の張力の大きさ T〔N〕と力 F〔N〕の値を求めよ。ただし，質量 m〔kg〕の物体にはたらく重力は，mg〔N〕である。

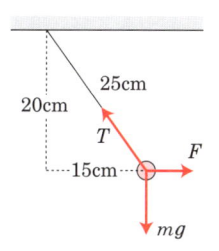

3 三角形をした台の斜面上に，質量 m〔kg〕の物体Aと質量 M〔kg〕の物体Bが糸で結ばれ，なめらかに回転できる軽い滑車を通して置かれている（$M>m$）。質量 m，質量 M の物体にはたらく重力が，それぞれ mg〔N〕，Mg〔N〕であるとする。

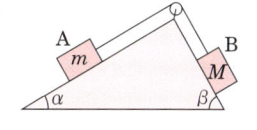

(1) 物体Aと斜面との間の静止摩擦係数を μ としたとき，物体Aが静止しているための条件を求めよ。ただし，物体Bと斜面との間の摩擦は無視する。

(2) 図のように，物体Bの上に物体Aを乗せた。物体Aと物体Bとの静止摩擦係数を μ_1 としたとき，物体Aが静止しているための条件を求めよ。ただし，物体Bと斜面との間の摩擦は無視する。

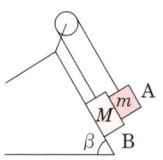

HINT **3** (1) 摩擦力は，斜面に平行に上向きの場合と下向きの場合がある。

1編 運動とエネルギー

4 あらい水平面上に，質量 m [kg] の物体が置かれている。この物体に対し，水平に対して斜め上向きの角度が θ の方向に大きさ F [N] の力を加えたところ，大きさ a [m/s²] の加速度で水平方向に動き出した。重力加速度の大きさを g [m/s²] として，次の問いに答えよ。

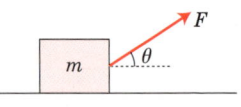

(1) 物体が水平面から受ける垂直抗力の大きさはいくらか。
(2) 物体が水平面から受ける摩擦力の大きさはいくらか。
(3) 物体と水平面との動摩擦係数はいくらか。

5 質量が m_A [kg] と m_B [kg] の物体 A，B を質量の無視できる軽い糸でつなぎ，図のように，A をなめらかな水平面上に置き，なめらかに回転できる軽い滑車 R に糸を通して B をつり下げると，A，B は動き出した。物体 A の加速度の大きさと糸の張力を求めよ。ただし，重力加速度の大きさは g [m/s²] とする。

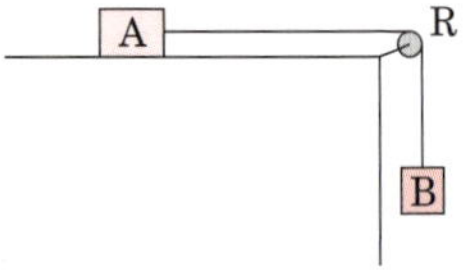

6 図に示すように，水平方向に等加速度直線運動をしている電車の中に，質量 m [kg] の物体が天井からつり下げられている。このとき物体は，糸が鉛直方向となす角を θ に保ちながら，電車とともに運動した。重力加速度の大きさを g [m/s²] として，以下の問いに答えよ。

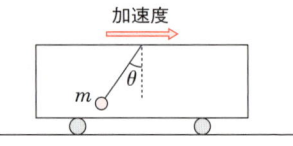

(1) 糸の張力はいくらか。
(2) 電車の加速度はいくらか。

7 なめらかな水平面上に質量 M の板を置き，その上に質量 m の小物体を置く。小物体と板の間の静止摩擦係数を μ，動摩擦係数を μ'，重力加速度の大きさを g として，各問いに答えよ。

(1) 図 1 のように，板を一定の力 F で水平方向に引っ張ったとき，小物体と板は一体となって運動した。小物体が板と一体となって運動するための条件を求めよ。

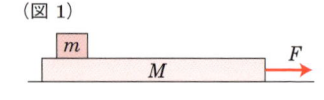

HINT　**4** (1) 物体にはたらく力の鉛直方向の成分はつりあっている。
　　　　　6 鉛直方向はつりあいの式，水平方向は運動方程式をつくる。

(2) 図2のように，板の一端から小物体を速さvですべらせた。板の長さが十分に長いとして，次のものを求めよ。
 (a) 小物体の加速度。
 (b) 板の加速度。
 (c) 小物体が板と同じ速さになって運動するようになるまでに，小物体が板に対して動いた距離。

8 密度ρ_0〔kg/m^3〕の液体がある。この液体の中に，底面積S〔m^2〕，高さL〔m〕，密度ρ_1($\rho_1 < \rho_0$)〔kg/m^3〕の四角柱の形をした浮きを浮かべる。この浮きは液体中で傾いて倒れないとし，鉛直方向にだけ運動する。四角柱の上面に力を加え，四角柱の上面を，液面からd〔m〕の深さまで沈めた。大気圧は一定でp_0〔Pa〕，重力加速度の大きさをg〔m/s^2〕として，以下の問いに答えよ。

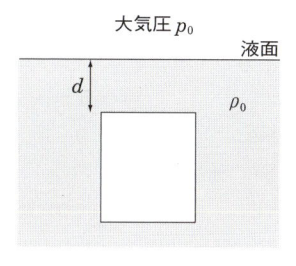

(1) 四角柱の上面にはたらく圧力を求めよ。
(2) 四角柱の底面にはたらく圧力を求めよ。
(3) 四角柱が液体から受ける力の大きさと向きを求めよ。
(4) 上面に加えた力を取り除いた後，四角柱は上昇を始めた。四角柱が液面に達するまでの間の四角柱に生じる加速度の大きさを求めよ。

9 水平面上に置かれた物体A，Bがある。物体A，Bの質量は等しくm〔kg〕である。物体Aと水平面との静止摩擦係数をμ_1，動摩擦係数をμ_1'，物体Bと水平面との静止摩擦係数をμ_2($\mu_2 < \mu_1$)，動摩擦係数をμ_2'($\mu_2' < \mu_1'$)，重力加速度の大きさをg〔m/s^2〕とする。図のように，物体Bの右側から水平方向に大きさFの力を加えた。

(1) 物体が静止しているときの，加えた力の大きさの最大値を求めよ。
(2) 物体が動き出した後の物体に生じる加速度の大きさと，物体A，Bの間にはたらく力の大きさを求めよ。

HINT **8** (1) 液面から深さd，底面積Sの液体の柱にはたらく力のつりあいを考える。

10 仕事と仕事率

1 仕 事 重要

1│ 仕事の定義 物体に力を加えて動かすとき，この力は物体に**仕事をする**という。図のように，物体に加える力の大きさを F，物体が動いた距離を s，力の方向と物体が動く方向とのなす角を θ とすれば，この力のする仕事は，次のように定められる。

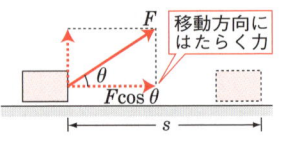

$$W = Fs\cos\theta$$

▲仕事は移動した距離と移動方向にはたらく力をかけて求める。
$W = (F\cos\theta) \times s = Fs\cos\theta$
または，力と力の方向に動いた距離をかけて求めても同じである。
$W = F \times (s\cos\theta) = Fs\cos\theta$

> **要点** 仕事の定義
> $$W = Fs\cos\theta$$

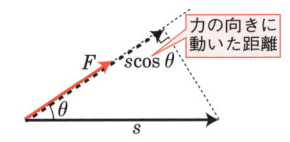

2│ 仕事の単位 物体に $1N$ の力を加えて，その向きに $1m$ 動かすときの仕事を **1 ジュール**（記号 J）という。なお，$1J = 1N \cdot m$ である。

3│ 保存力 重力や弾性力のように，その力のする仕事が，物体の初めの位置と終わりの位置だけで決まり，途中の経路に関係しないような力を**保存力**という。
→「例題研究」参照

4│ 運動方向に垂直にはたらく力のする仕事 物体に力を加えても物体が動かなかったり（$s = 0$），物体が力と垂直な方向に動いたり（$\cos 90° = 0$）するときは，力のする仕事は 0 である。

> **要点** 運動方向に**垂直**にはたらく力は仕事をしない。
> $$W = Fs\cos 90° = 0$$

5│ 負の仕事 物体が力と同じ向きに動くとき（$\cos 0° = 1$）は，この力のする仕事は正であり，物体が力と逆向きに動くとき（$\cos 180° = -1$），この力のする仕事は負である。

ココに注目！ 仕事はスカラーなので，符号は向きを表しているのではない。

2 仕事率 重要

1 仕事率 単位時間あたりにする仕事を<u>仕事率</u>という。時間 t の間に W の仕事をするときの仕事率 P は，$\boldsymbol{P = \dfrac{W}{t}}$ と表される。

2 仕事率の単位 **1s 間に 1J の仕事**をするときの仕事率を<u>1 ワット</u>(記号 W)という。なお，$1W = 1J/s$ である。

3 仕事率と速さ 物体に力 F を加え，時間 Δt の間に距離 Δs だけ動かしたとすると，力 F のした仕事 W は，$W = F\Delta s$ である。この間の速度 v は，$v = \dfrac{\Delta s}{\Delta t}$ であるから，仕事率 P は，$P = \dfrac{W}{t} = \dfrac{F\Delta s}{\Delta t} = F \cdot \dfrac{\Delta s}{\Delta t} = Fv$ となる。

> **要点** 仕事率 $P = \dfrac{W}{t} = Fv$

例題研究　重力のする仕事

図のように，質量 m の物体がある道筋に沿って点 A から点 B まで動くとき，重力がこの物体にする仕事を求めよ。ただし，点 A と点 B の高さの差を h とする。

解 この仕事 W は，点 A から点 B までの道筋を図のように細かく分割すると，物体が区間 AA_1, A_1A_2, $\cdots$, $A_{n-1}B$ を動く間に重力がする仕事 ΔW_1, ΔW_2, $\cdots$, ΔW_n の総和で表される。したがって，

$W = mg(h_A - h_1) + mg(h_1 - h_2) + \cdots + mg(h_{n-1} - h_B)$
$ = mg(h_A - h_B) = mgh$　　　**答** mgh

(これから重力が保存力であることがわかる。)

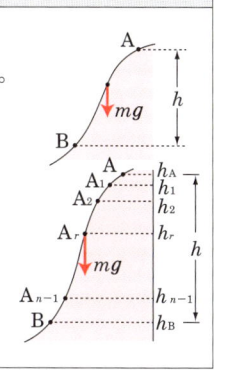

例題研究　仕事率

水平面上に質量 20kg の物体を置き，水平方向に一定の力を加え，物体を一定速度 3.0m/s で動かした。このとき，加えている力のする仕事率を求めよ。ただし，物体と面との動摩擦係数を 0.25 とする。

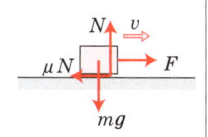

解 $F = \mu N = \mu mg = 0.25 \times 20 \times 9.8 = 49$ [N]
ゆえに，$P = Fv = 49 \times 3.0 \fallingdotseq 1.5 \times 10^2$ [W]　　**答** 1.5×10^2 W

11 運動エネルギー

1 エネルギー

物体が仕事をする能力をもっているとき，その物体はエネルギーをもっているという。物体のもつエネルギーの大きさは，その物体がなし得る仕事の量ではかるので，エネルギーの単位は仕事の単位と同じで，ジュール〔J〕である。

2 運動エネルギー 重要

1 運動エネルギー 運動している物体は，それが静止するまでに他の物体に対して仕事をすることができるから，エネルギーをもっている。このエネルギーを**運動エネルギー**という。速さ v〔m/s〕で運動している質量 m〔kg〕の物体のもつ運動エネルギー K〔J〕は，$K = \dfrac{1}{2}mv^2$ である。

> **要点** 運動エネルギー $K = \dfrac{1}{2}mv^2$

2 エネルギーの原理 運動している物体に仕事をすると，物体の運動エネルギーが増加する。このとき，**物体の運動エネルギーは，物体にはたらく力のした仕事だけ増加する**。これを**エネルギーの原理**という。

a) 直線運動の場合 初め v_0 の速さで運動している質量 m の物体に，一定の力 F を加えながら距離 s だけ運動させたところ，終わりの速さが v になったとしよう。このときの加速度を a とすると，

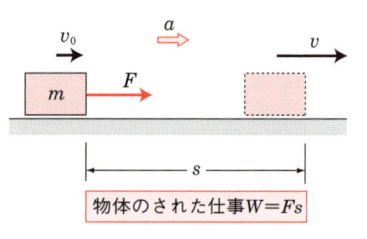

$$v^2 - v_0^2 = 2as, \quad ma = F$$

物体のされた仕事 $W = Fs$

となるから，この力のする仕事 Fs は，次のようになる。

$$Fs = ma \cdot \dfrac{v^2 - v_0^2}{2a} = \dfrac{1}{2}mv^2 - \dfrac{1}{2}mv_0^2$$

→運動エネルギーの増加量を表す

b) 曲線運動の場合　質量 m の物体を初速度 v_0 で水平方向に投げた場合について考える。点Pにおける速度 v の水平成分と鉛直成分を，それぞれ v_x, v_y とすると，$v^2 = v_x^2 + v_y^2$, $v_x = v_0$ である。また，物体の鉛直方向の移動距離を h とすると，$v_y^2 = 2gh$ である。よって，点Oから点Pまで移動する間に重力がする仕事は，

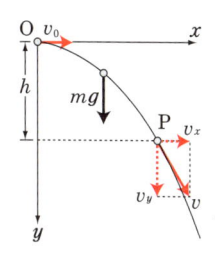

$$mgh = mg \cdot \frac{v_y^2}{2g} = \frac{1}{2}m(v^2 - v_x^2) = \frac{1}{2}m(v^2 - v_0^2) = \frac{1}{2}mv^2 - \frac{1}{2}mv_0^2$$

したがって，曲線運動の場合でも，エネルギーの原理があてはまる。

> **要点**　エネルギーの原理→された仕事の分だけ運動エネルギーが増加する。
>
> $$\frac{1}{2}mv^2 - \frac{1}{2}mv_0^2 = W$$

例題研究　運動エネルギー

速さ v で運動している質量 m の物体は，静止するまでに他の物体に対して $\frac{1}{2}mv^2$ の仕事をすることを証明せよ。

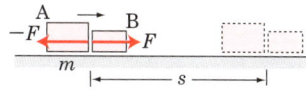

答　速さ v で運動している質量 m の物体Aが，他の物体Bに衝突し，AはBを一定の力 F で押しながら距離 s だけ進んで静止したとする。AがBから受ける力は $-F$ であるから，Aの加速度を a とすると，$ma = -F$，$0 - v^2 = 2as$

よって，求める仕事 W は，$W = Fs = (-ma) \cdot \left(-\dfrac{v^2}{2a}\right) = \dfrac{1}{2}mv^2$

例題研究　あらい面の運動

水平であらい机の上を，初速度 v_0 ですべりはじめた質量 m の物体が静止するまでに運動する距離はいくらか。物体と机の面の間の動摩擦係数を μ とする。

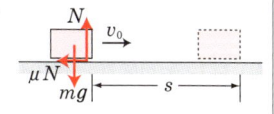

解　物体が運動する向きを正とすると，摩擦力がした仕事は，$-\mu N \cdot s = -\mu mg \cdot s$

運動エネルギーの増加量は，$0 - \dfrac{1}{2}mv_0^2$

よって，$-\mu mgs = -\dfrac{1}{2}mv_0^2$　ゆえに，$s = \dfrac{v_0^2}{2\mu g}$

答 $\dfrac{v_0^2}{2\mu g}$

12 位置エネルギー

1 重力による位置エネルギー 重要

高いところにある物体は，それが低いところに位置を変えるとき，他の物体に対して仕事をすることができるから，エネルギーをもっている。このエネルギーを重力による**位置エネルギー**という。

基準面から高さ h [m] の点Pにある質量 m [kg] の物体のもつ重力による位置エネルギー U [J] は，重力にさからって，物体を基準面から点Pまで静かに運ぶとき，外力 F [N] のする仕事で表される。
したがって，

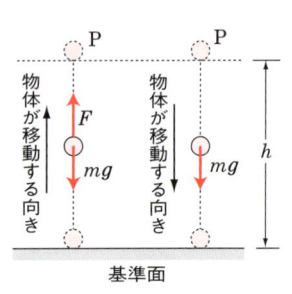

$$U = Fh = mgh$$

物体のもつ重力による位置エネルギーは，物体が点Pから基準面まで移動するとき，重力のする仕事に等しい。

重力は保存力であるから，重力のする仕事は，物体の初めの位置と終わりの位置だけで決まり，物体が移動する経路とは無関係である。したがって，重力による位置エネルギーも物体の初めの位置と終わりの位置だけで決まり，途中の経路には無関係である。
→基準を定めれば高さの関数になる

> **要点** 重力による位置エネルギー
> $$U = mgh$$

2 弾性力による位置エネルギー 重要

1 ばねを伸ばすときの仕事 ばね定数 k のつるまきばねを，自然の長さから x だけ伸ばすときの仕事を求めてみよう。

力 F' を加えたとき，x' だけ伸びたばねを，さらに短い距離 Δx だけ伸ばすときの仕事は $F' \cdot \Delta x$ である。

これは，右の図で斜線をほどこした長方形の面積に等しいから，このばねを，自然の長さから x だけ伸ばすときの仕事は，これらの長方形の面積の総和で表される。ここで Δx を限りなく小さくすれば，これらの長方形の面積の総和は，図の $\triangle \mathrm{OAB}$ の面積に等しくなる。したがって，ばね定数 k のばねを，自然の長さから x だけ伸ばすときの仕事 W は，

$$W = \frac{1}{2} x \cdot kx = \frac{1}{2} kx^2$$

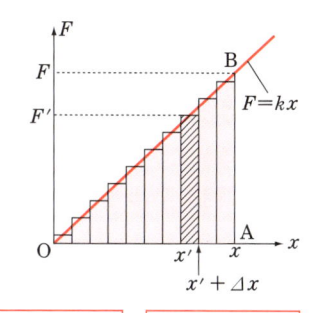

> x' から Δx 伸ばす間は力 F' で伸ばすとすれば，仕事は $F'\Delta x$

> すべての微小区間で考えると，x 伸ばす仕事は $\triangle \mathrm{OAB}$ の面積

となる。このばねを x だけ縮めるときの仕事も同じ結果になる。

2 弾性力による位置エネルギー

x だけ伸ばされたばね定数 k のばねは，自然の長さにもどるまでに，他の物体に $\frac{1}{2}kx^2$ の仕事をすることができる。したがって，このばねのもつ弾性力による位置エネルギー U は，$U = \frac{1}{2}kx^2$ となる。

ばねを x だけ縮めた場合も同様である。弾性力による位置エネルギーを**弾性エネルギー**ともいう。

> **ココに注目！**
> 物体には，保存力にさからってした仕事だけ位置エネルギーが蓄えられる。

要点　弾性力による位置エネルギー（弾性エネルギー）

$$U = \frac{1}{2} kx^2$$

例題研究　重力による位置エネルギー

図のような断面をもった地形がある。A の位置に置かれた質量 0.6kg の物体の重力による位置エネルギーは，いくらになるか。次の2つの場合に分けて答えよ。

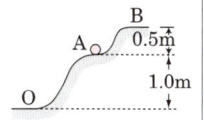

(1) 点 O を通る水平面を基準にするとき
(2) 点 B を通る水平面を基準にするとき

解 (1) $mgh = 0.6 \times 9.8 \times 1.0 \fallingdotseq 5.9 \,\mathrm{[J]}$
(2) $mgh = 0.6 \times 9.8 \times (-0.5) \fallingdotseq -2.9 \,\mathrm{[J]}$

答 (1) **5.9J** (2) **−2.9J**

13 力学的エネルギーの保存

1 力学的エネルギー保存の法則 　重要

1 力学的エネルギー　物体のもつ**運動エネルギーと位置エネルギーの和**を**力学的エネルギー**という。

2 力学的エネルギー保存の法則　一般に，**重力や弾性力のような保存力だけが仕事をして運動が変化する物体の力学的エネルギーの総和はつねに一定に保たれる**。これを**力学的エネルギー保存の法則**という。

図のように，なめらかな斜面上で，質量 m〔kg〕の物体が高さ h〔m〕すべりおりるとき，物体にはたらく力は重力と垂直抗力である。斜面下部を位置エネルギー 0 の地点とすれば，A点の力学的エネルギー

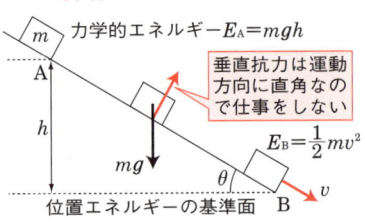

力学的エネルギー $E_A = mgh$

垂直抗力は運動方向に直角なので仕事をしない

$E_B = \dfrac{1}{2}mv^2$

位置エネルギーの基準面

は mgh であり，B点の力学的エネルギーは $\dfrac{1}{2}mv^2$ である。

このとき，物体は斜面上を加速度 $g\sin\theta$ の等加速度直線運動をするので，斜面の長さが $\dfrac{h}{\sin\theta}$ であることから，

$$v^2 = 2 \times g\sin\theta \times \dfrac{h}{\sin\theta} = 2gh$$

となり，B点の力学的エネルギーは

$$\dfrac{1}{2}mv^2 = mgh$$

と表されて，A点の力学的エネルギーが保存されていることがわかる。

このとき，**垂直抗力は運動方向に垂直にはたらくので，仕事をしない**。物体に仕事をしたのは重力のみで，
　　↳ $\cos 90° = 0$ より
保存力のみが仕事をして運動が変化すると力学的エネルギーが保存することがわかる。

ココに注目！
物体に保存力以外の力がはたらいていても仕事をしなければ力学的エネルギーは保存する。

単振り子のおもりにはたらく糸の張力や，なめらかな曲面をすべりおりる物体にはたらく垂直抗力のような力は保存力ではないが，これらの力は物

体の運動方向と垂直にはたらくので,仕事をしない。したがって,物体にこれらの力がはたらいても,力学的エネルギー保存の法則が成り立つ。

> **要点** 重力や弾性力のような保存力だけが仕事をして運動が変化する物体の力学的エネルギーの総和はつねに一定に保たれる。

3 力学的エネルギー保存の法則が成り立たない場合

摩擦力や抵抗力は保存力ではないので,物体に摩擦力がはたらく場合や,物体が抵抗力にさからって運動する場合には,力学的エネルギー保存の法則は成り立たない。

2 重力による運動における力学的エネルギー 重要

図のように,質量 m の物体を点 P から初速度 v_0 で投げ上げたとき,物体が任意の高さ h の点 Q を速度 v で通過したとする。この間に重力のした仕事は $-mgh$ であるから,エネルギーの原理により,次のようになる。

$$\frac{1}{2}mv^2 - \frac{1}{2}mv_0^2 = -mgh$$

ゆえに, $\frac{1}{2}mv^2 + mgh = \frac{1}{2}mv_0^2$

すなわち,点 Q における力学的エネルギーは点 P における力学的エネルギーに等しい。

3 重力と弾性力による運動における力学的エネルギー 重要

図のように,ばね定数 k のつるまきばねの一端を固定し,他端に質量 m のおもりをつるす。いま,ばねの伸びが A になる位置までおもりを引きおろし(図(b)の状態),静かにはなす。ばねの伸びが x になる位置(図(c)の状態)を通過するときのおもりの速さを v とする。

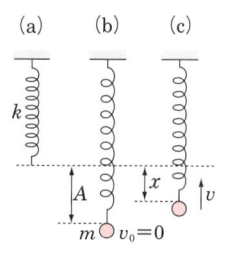

図(b)の状態から図(c)の状態になるまでの間に,重力がおもりにする仕事は$-mg(A-x)$であり,弾性力がおもりにする仕事は$\frac{1}{2}kA^2-\frac{1}{2}kx^2$であるから,エネルギーの原理により,

$$\frac{1}{2}mv^2-\frac{1}{2}mv_0^2=\frac{1}{2}kA^2-\frac{1}{2}kx^2-mgA+mgx$$

ゆえに,$\frac{1}{2}mv^2+(-mgx)+\frac{1}{2}kx^2=\frac{1}{2}mv_0^2+(-mgA)+\frac{1}{2}kA^2$

すなわち,図(c)の状態における力学的エネルギーは,図(b)の状態における力学的エネルギーに等しい。
└→エネルギーが保存される

4 一般の場合のエネルギーの原理

物体に重力や弾性力のような保存力以外の力がはたらいて,それが仕事をする場合には,物体の運動エネルギーだけでなく,位置エネルギーも増加する。

したがって,一般に,物体にはたらく保存力以外の力のする仕事は,物体の力学的エネルギーの増加分に等しいといえる。これは力学的エネルギーにまで拡張したエネルギーの原理である。

例題研究 弾性力による位置エネルギー

ばね定数k〔N/m〕のつるまきばねの一端を固定し,他端に質量m〔kg〕の物体をとりつける。これをなめらかな水平面上に横たえ,ばねをx〔m〕だけ縮めて静かにはなした。ばねが自然の長さになったときの物体の速さを求めよ。

解 ばねが自然の長さになるまでに,物体に対してする仕事は$\frac{1}{2}kx^2$であるから,求める速さをvとすると,エネルギーの原理により,

$$\frac{1}{2}kx^2=\frac{1}{2}mv^2$$

ゆえに,$v=\sqrt{\frac{k}{m}}x$〔m/s〕

答 $\sqrt{\frac{k}{m}}x$〔m/s〕

要点チェック

↓答えられたらマーク　　　　　　　　　　　　　　　　　　わからなければ ➡

- **1** 20N の力を加えながら力の方向に 3.0m 動かしたとき,力のした仕事は何 J か。　p.44
- **2** 水平面上を 5.0m すべった,質量 1.5kg の物体にはたらく垂直抗力のした仕事は何 J か。　p.44 要点
- **3** 4.0s 間に 200J の仕事をしたときの仕事率は何 W か。　p.45 要点
- **4** 力 5.0N を加えながら速さ 20m/s で等速直線運動をしたときの仕事率は何 W か。　p.45 要点
- **5** 質量 3.0kg の物体が 2.0m/s で運動しているときの物体の運動エネルギーは何 J か。　p.46 要点
- **6** 質量 4.0kg の物体の速さが 10m/s から 15m/s になった。このとき,物体のされた仕事は何 J か。　p.47 要点
- **7** 質量 2.0kg の物体が基準点から 10m の高さにあるとき,物体の重力による位置エネルギーは何 J か。　p.48 要点
- **8** ばね定数 400N/m のばねを 0.10m 伸ばしたとき,ばねに蓄えられる弾性力による位置エネルギー(弾性エネルギー)は何 J か。　p.49 要点
- **9** 静かに手をはなした物体が 10m 落下したときの速さを,力学的エネルギー保存の法則を用いて求めると,何 m/s になるか。　p.50
- **10** なめらかな曲面上で静かにはなした物体が,高さ 10m すべりおりたときの,物体の速さは何 m/s か。　p.50
- **11** 長さ 0.80m の位置につるした物体を,糸がたるまないように鉛直方向から 60° 傾けて静かにはなした。物体が最下点を通過するときの速さは何 m/s か。　p.51
- **12** なめらかな水平面上に置かれた,ばね定数 400N/m のばねに質量 1kg の物体をつけて 0.1m 縮めて静かにはなした。ばねが自然の長さに戻ったときの物体の速さは何 m/s か。　p.52

答

1 60J, **2** 0J, **3** 50W, **4** 100W, **5** 6.0J, **6** 250J, **7** 200J(196J), **8** 2.0J, **9** 14m/s, **10** 14m/s, **11** 2.8m/s, **12** 2m/s

3章 練習問題

解答→p.157

1 摩擦のある水平面上に質量 m の物体が置かれている。この物体に，水平方向から上向きに30°の方向に大きさ F [N]の力を加え，距離 s [m]引っ張った。重力加速度の大きさを g [m/s^2]，水平面と物体との動摩擦係数を μ として，次の問いに答えよ。

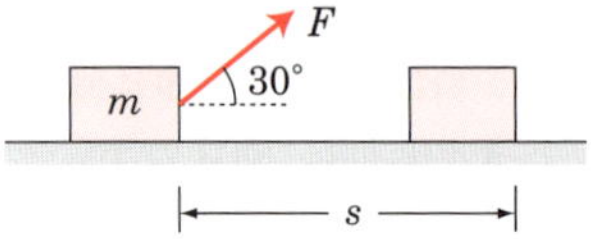

(1) 力 F が物体にした仕事はいくらか。
(2) 摩擦力のした仕事はいくらか。
(3) 物体のされた仕事はいくらか。
(4) 距離 s 引っ張られた直後の物体の速さはいくらか。

2 図のように，なめらかな水平面上のA点に置いてある質量 m [kg]の物体に一定の力 F [N]を加え続け，A点より s [m]離れているB点まで移動させた。その後，力 F を取り去ったところ，物体はなめらかな斜面を上昇してAB面と平行な高さ h [m]のなめらかな平面上にあるC点を通過し，D点からあらい面上を移動してE点で静止した。重力加速度の大きさを g [m/s^2]とする。

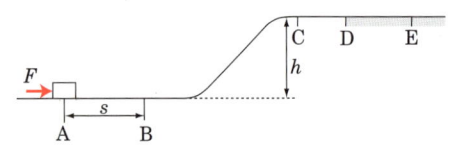

(1) AB間で力 F が物体に対して行った仕事 W はいくらか。
(2) B点での物体の速度 u はいくらか。
(3) C点での物体の速度 v はいくらか。
(4) D点からのあらい面上での動摩擦係数が μ であるとき，DE間の距離 x はいくらか。

3 図のように，鉛直下向きにつるされたばねの下端に，質量 m [kg]のおもりがつけられている。ばね定数を k [N/m]，重力加速度の大きさを g [m/s^2]とし，ばねの重さは無視できるものとする。ばねが自然長であるときのおもりの位置を原点とし，鉛直上向きを正として y 軸を定義する。

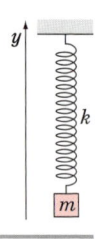

HINT
1 (3) 物体のされた仕事＝力 F が物体にした仕事＋摩擦力がした仕事
2 (2)と(4)はエネルギーの原理を使う。(3)は力学的エネルギー保存の法則を用いる。

ばねが伸びた状態で，ばねの力と重力がつりあい，おもりが静止した。

(1) このときのおもりの y 座標を求めよ。

つりあいの位置から a [m] 伸ばして静かにはなした。

(2) この状態において，おもりに蓄えられる，$y = 0$ を基準とした重力による位置エネルギーを求めよ。

(3) この状態において，ばねに蓄えられる弾性エネルギーを求めよ。

(4) おもりがつりあいの位置を通過するときの速さを求めよ。

(5) おもりが上がる最高点の y 座標を求めよ。

4 図のようにすべり台が水平な床の上に置かれている。すべり台上の点A，点Cの床からの高さをそれぞれ a [m]，c [m] とする ($a > c$)。すべり台の高さは点Bで極小となっている。長さ l [m] のうすい平板からなる仰角 θ [rad] の補助台CDが，点Cですべり台となめらかに連結されている。いま，質量 m [kg] の小物体が点Aから静かにすべり始め，すべり台と補助台から離れることなく運動し，点Dから速さ v [m/s] で空中に飛び出した。その後，小物体は点線のような軌跡を描き，空中の点Eで最大の高さに達したのち，点Fではじめて床に到達した。ただし，摩擦や空気抵抗は考えないものとし，重力加速度の大きさを g [m/s²] とする。以下の問いに答えよ。

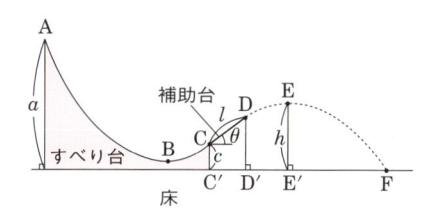

(1) v を a, c, l, θ, g を用いて表せ。

(2) 床から点Eまでの高さ h [m] はいくらか。

(3) 点Fでの速さ v_F [m/s] はいくらか。

HINT

3 (2) 重力による位置エネルギーは mgh で与えられる。h は高さなので，基準点より低ければ −(負)になる。

(3) 弾性エネルギーは伸びた場合も縮んだ場合も正である。

4 (1) 重力のみが仕事をして速さが変化するので，力学的エネルギーは保存する。

(2) 放物運動では，最高点で鉛直方向の速さは0になるが，水平方向の速さは残る。

2編 熱

14 熱と温度

1 温度

1 | セルシウス温度（セ氏温度） 1気圧のもとで，水の融点を **0°C**，水の沸点を **100°C** とする。また，その間を100等分して，それを温度差 **1度**（単位は絶対温度の単位を用い，1K）とする。

2 | 絶対温度 −273°C を 0 度とし，**0°C が 273 度**となるように目盛った温度を**絶対温度**という。絶対温度の単位には**ケルビン**〔K〕を用い，−273°C を**絶対零度**（0K）という。いま，t〔°C〕の絶対温度を T〔K〕とすると次の関係が成り立つ。

$$T = t + 273$$

2 熱量　重要

1 | 熱量 熱はエネルギーの一種なので，単位はジュール〔J〕を用いる。水 1g の温度を 1K 上昇させるために必要な熱量は，約 **4.19J** である。

2 | 熱平衡 熱は高温の物体から低温の物体に移動し，物体間の温度差がなくなると，熱の移動は止まる。このような状態を**熱平衡**という。
→逆方向は不可能

3 比熱と熱容量　重要

1 | 比熱 物質 **1g** の温度を **1K** 上昇させるのに必要な熱量を**比熱**といい，単位は**ジュール毎グラム毎ケルビン**〔J/(g·K)〕を用いる。比熱は物質によって決まる量であり，比熱の小さい物質ほどあたたまりやすくさめやすい。

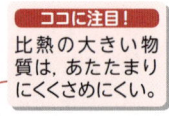

> ココに注目！
> 比熱の大きい物質は，あたたまりにくくさめにくい。

質量 m〔g〕の物質に Q〔J〕の熱を加えたときに，その物質の温度が ΔT〔K〕上昇したとすれば，その物質の比熱 c〔J/(g·K)〕は，次の式で与えられる。

$$c = \frac{Q}{m \cdot \Delta T}$$

2 | 比熱と温度変化 比熱 c〔J/(g·K)〕の物質 m〔g〕の温度を ΔT〔K〕上昇させるのに必要な熱量 Q〔J〕は，上の式より，次のように与えられる。

$$Q = cm\Delta T$$

> **要点** 比熱 c〔J/(g·K)〕の物質 m〔g〕の温度を ΔT〔K〕上昇させるのに必要な熱量は，$Q=cm\Delta T$

3│熱容量 物体は，必ずしも単一の物質でできているとは限らない。そのため，いろいろな物質からできている物体全体の温度を **1K** 上昇させるのに必要な熱量を<u>熱容量</u>といい，単位は**ジュール毎ケルビン**〔J/K〕を用いる。物体に Q〔J〕の熱を加えたときに，その物体の温度が ΔT〔K〕上昇したとすれば，その物体の熱容量 C〔J/K〕は，次の式で与えられる。

$$C=\frac{Q}{\Delta T}$$

4│熱容量と温度変化 熱容量 C〔J/K〕の物体の温度を ΔT〔K〕上昇させるのに必要な熱量 Q〔J〕は，上の式より，

$$Q=C\Delta T$$

> **要点** 熱容量 C〔**J/K**〕の物体の温度を ΔT〔**K**〕上昇させるのに必要な熱量は，
> $$Q=C\Delta T$$

5│単一物質でできた物体の熱容量 比熱 c〔J/(g·K)〕の物質 m〔g〕からできている物体の熱容量 C〔J/K〕は，

$$C=cm$$

4 熱量保存の法則

高温の物体と低温の物体を接触させたとき，熱が外に逃げなかったとすれば，高温の物体が失った熱量と低温の物体が得た熱量は等しい。

「高温物体の失った熱量」=「低温物体の得た熱量」 （熱量の保存）

5 潜熱 重要

物質が融解や気化などの状態変化をするとき，温度を変えることなしに吸収したり放出したりする熱のことを<u>潜熱</u>という。潜熱には<u>融解熱</u>や<u>気化熱</u>などがある。

融解熱…融点にある固体 **1g** を液体に変えるのに必要な熱量。
気化熱(蒸発熱)…沸点にある液体 **1g** を気体に変えるのに必要な熱量。

物質 m〔g〕をすべて状態変化させるために必要な熱量が Q〔J〕であったとき，その物質の潜熱 L〔J/g〕は，$L=\dfrac{Q}{m}$ で与えられる。

6 物質の三態

物質には，固体，液体，気体の3つの状態があり，これを**物質の三態**という。物質を構成する分子は熱運動を行っており，温度が上がると熱運動は激しくなる。物質に熱を加えると分子の熱運動が激しくなり，物質の状態は固体から液体，気体へと変化する。物質が固体から液体に変わることを**融解**，液体から気体に変わることを**蒸発**，固体から気体に変わることを**昇華**という。逆に，物質から熱を奪うと分子の熱運動は鈍くなり，気体から液体，固体へと変化する。気体から液体に変わることを**凝結**，液体から固体に変わることを**凝固**，気体から固体に変わることを**昇華**という。

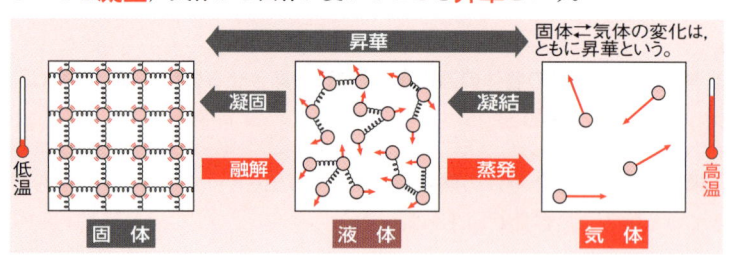

7 熱膨張

物質は温度が上がると，膨張し，長さや体積が大きくなる。この現象を**熱膨張**という。0℃における固体の長さを l_0〔m〕，固体の**線膨張率**を α〔K^{-1}〕とすれば，温度 t〔℃〕における固体の長さ l〔m〕は，

$$l = l_0(1 + \alpha t)$$

で与えられる。

> **要点**
> 温度 t〔℃〕における固体の長さ l〔m〕
> $$l = l_0(1 + \alpha t)$$
> l_0：0℃における固体の長さ
> α：線膨張率

例題研究　熱　量

熱容量 350J/K の容器に水 500g を入れ，20℃の水を 100℃の水にするために，必要な熱量は何 J か。ただし，水の比熱を 4.2J/(g・K) とし，容器の温度は水の温度に等しいとする。

解 容器の温度を 20℃から 100℃にするために必要な熱量は，
$$350 \times (100 - 20) = 28000 \text{ [J]}$$
水の温度を 20℃から 100℃にするために必要な熱量は，
$$4.2 \times 500 \times (100 - 20) = 168000 \text{ [J]}$$
よって，水の入った容器全体の温度を 20℃から 100℃にするために必要な熱量は，
$$28000 + 168000 = 196000 \fallingdotseq 2.0 \times 10^5 \text{ [J]}$$

答　2.0×10^5 J

例題研究　潜　熱

0℃の氷 200g を，すべて 0℃の水にするために必要な熱量を求めよ。ただし，氷の融解熱は 340J/g であるとする。

解 融解熱は，融点において物質 1g を固体から液体に変えるための熱量であるから，
$$340 \times 200 = 68000 = 6.8 \times 10^4 \text{ [J]}$$

答　6.8×10^4 J

例題研究　熱膨張

線膨張率 16.5×10^{-6}/K の銅製の棒を，20℃から暖めて 220℃にした。20℃における銅製の棒の長さが 2.0m であったとすれば，銅製の棒の長さは何 m 伸びたか。

解 0℃における銅製の棒の長さを l_0，220℃における銅製の棒の長さを l とすれば，
$$2.0 = l_0(1 + 16.5 \times 10^{-6} \times 20) \qquad l = l_0(1 + 16.5 \times 10^{-6} \times 220)$$
となるので，
$$l = \frac{1 + 16.5 \times 10^{-6} \times 220}{1 + 16.5 \times 10^{-6} \times 20} \times 2.0$$
よって，伸びた長さは，
$$l - 2.0 = \frac{1 + 16.5 \times 10^{-6} \times 220}{1 + 16.5 \times 10^{-6} \times 20} \times 2.0 - 2.0$$
$$= \frac{16.5 \times 10^{-6} \times (220 - 20)}{1 + 16.5 \times 10^{-6} \times 20} \times 2.0$$
$$= 6.598 \times 10^{-3} \text{ [m]}$$

答　6.6×10^{-3} m

15 気体の法則

1 ボイル・シャルルの法則 重要

1│ ボイルの法則 温度が一定のとき，一定量の気体の体積は，圧力に反比例する。
これを**ボイルの法則**という。体積を V，圧力を p とすると，ボイルの法則は，

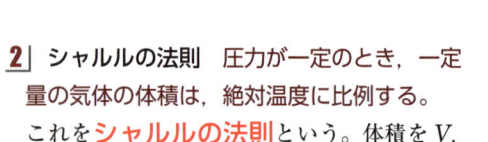

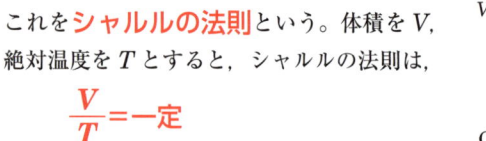

$$pV = 一定$$

と表せる。

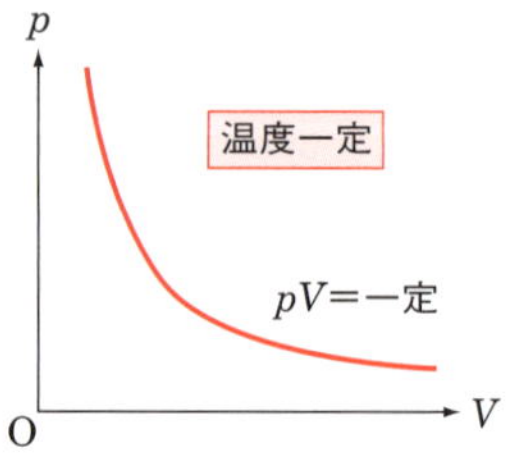

2│ シャルルの法則 圧力が一定のとき，一定量の気体の体積は，絶対温度に比例する。
これを**シャルルの法則**という。体積を V，絶対温度を T とすると，シャルルの法則は，

$$\frac{V}{T} = 一定$$

と表せる。

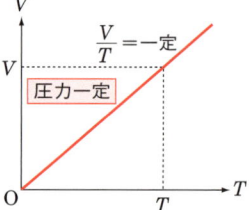

3│ ボイル・シャルルの法則 ボイルの法則とシャルルの法則を合わせると，次のようになる。

　一定量の気体の体積は，圧力に反比例し，絶対温度に比例する。

これを**ボイル・シャルルの法則**という。
気体の圧力を p，体積を V，絶対温度を T とすると，ボイル・シャルルの法則は，

$$\frac{pV}{T} = 一定$$

と表せる。

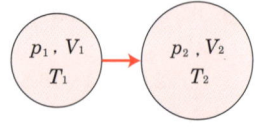

ボイル・シャルルの法則により
$$\frac{p_1 V_1}{T_1} = \frac{p_2 V_2}{T_2}$$

要点 一定量の気体の体積 V は，**圧力 p に反比例**し，**絶対温度 T に比例**する。 $\dfrac{pV}{T} = 一定$

4 理想気体 ボイル・シャルルの法則は，極端に温度が低いときや，圧力が高いときは成り立たない。しかし，どのような温度や圧力の場合でも，完全にボイル・シャルルの法則が成り立つような気体を考え，これを理想気体という。

5 絶対零度 シャルルの法則で，体積が 0 になるときの温度をセルシウス度で求めると，-273℃ になる。この場合，体積 V と温度 t〔℃〕の関係は，図のようになる。また，式で表すと，

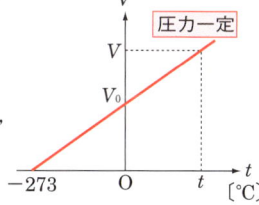

$$V = V_0\left(1 + \frac{t}{273}\right)$$

2 気体の圧力 重要

気体の圧力は，気体が面に垂直に及ぼす単位面積あたりの力で表す。気体が面積 S の平面に垂直に，F の力を及ぼすときの圧力 p は，$p = \dfrac{F}{S}$ である。圧力の単位としてはパスカル〔Pa〕を用いる。以前はニュートン毎平方メートル〔N/m²〕，気圧〔atm〕などを用いていた。

$1\text{Pa} = 1\text{N/m}^2$，$1\text{atm} = 1.013 \times 10^5 \text{Pa}$

3 理想気体の状態方程式

ボイル・シャルルの法則の気体 1mol あたりの定数を R〔J/(mol·K)〕とおくと，n〔mol〕の定数は nR となる。定数 nR を使ってボイル・シャルルの法則を書き表すと，$\dfrac{pV}{T} = nR$ となり，さらに式を変形して，

$$pV = nRT$$

と表したものを，理想気体の**状態方程式**という。

標準状態（$1\text{atm} = 1.01 \times 10^5 \text{Pa}$，0℃ $= 273\text{K}$）における，気体 1mol の体積は $22.4\text{L} = 2.24 \times 10^{-2} \text{m}^3$ であるから，気体定数 R は，

$$R = \frac{1.01 \times 10^5 \times 2.24 \times 10^{-2}}{1 \times 273} = 8.3 \text{〔J/(mol·K)〕}$$

> **要点** 理想気体の状態方程式
> $$pV = nRT \quad R：気体定数$$

例題研究　ボイルの法則

体積が $3.0\times10^{-3}\,\mathrm{m}^3$，圧力が $1.0\times10^5\,\mathrm{Pa}$ の気体を，温度を変えずに，体積を $1.5\times10^{-3}\,\mathrm{m}^3$ に変化させた。このときの，気体の圧力はいくらか。ただし，気体の量は変化していない。

解　$pV=$ 一定より，$(1.0\times10^5)\times(3.0\times10^{-3})=p\times(1.5\times10^{-3})$

ゆえに，$p=\dfrac{(1.0\times10^5)\times(3.0\times10^{-3})}{1.5\times10^{-3}}=2.0\times10^5\,[\mathrm{Pa}]$

答　$2.0\times10^5\,\mathrm{Pa}$

例題研究　シャルルの法則

体積が $2.4\times10^{-3}\,\mathrm{m}^3$，温度が 27℃ の気体の圧力を一定にして，温度を 77℃ にした。このときの気体の体積はいくらか。

解　$\dfrac{V}{T}=$ 一定より，$\dfrac{2.4\times10^{-3}}{27+273}=\dfrac{V}{77+273}$

ゆえに，$V=\dfrac{2.4\times10^{-3}\times350}{300}=2.8\times10^{-3}\,[\mathrm{m}^3]$

答　$2.8\times10^{-3}\,\mathrm{m}^3$

例題研究　ボイル・シャルルの法則

温度 27℃，圧力 $1.5\times10^5\,\mathrm{Pa}$ のとき，体積が $2.0\times10^{-3}\,\mathrm{m}^3$ の気体がある。この気体の温度を 177℃，圧力を $1.8\times10^5\,\mathrm{Pa}$ にすると，体積はいくらになるか。

解　$\dfrac{pV}{T}=$ 一定より，$\dfrac{(1.5\times10^5)\times(2.0\times10^{-3})}{27+273}=\dfrac{(1.8\times10^5)\times V}{177+273}$

ゆえに，$V=\dfrac{(1.5\times10^5)\times(2.0\times10^{-3})\times450}{300\times(1.8\times10^5)}=2.5\times10^{-3}\,[\mathrm{m}^3]$

答　$2.5\times10^{-3}\,\mathrm{m}^3$

例題研究　状態方程式

0.50mol の理想気体の圧力が $1.0\times10^5\,\mathrm{Pa}$，温度が 27℃ のとき，気体の体積はいくらか。ただし，気体定数を $8.3\,\mathrm{J/(mol\cdot K)}$ とする。

解　気体の体積を V として，状態方程式をつくれば，

$1.0\times10^5\times V=0.50\times8.3\times(27+273)$

となるので，

$V=\dfrac{0.50\times8.3\times(27+273)}{1.0\times10^5}=1.245\times10^{-2}\,[\mathrm{m}^3]$

答　$1.2\times10^{-2}\,\mathrm{m}^3$

4章 熱とエネルギー

16 気体がする仕事と熱力学の第1法則

1 気体がする仕事 重要

1│ 圧力が一定の場合 シリンダー内の気体が膨張してピストンを動かすとき，気体が外部にする仕事 W〔J〕を求めてみよう。ピストンの断面積を S〔m^2〕とし，シリンダー内の気体の圧力は，シリンダーの外の気体の圧力 p〔Pa〕（一定）に等しいとすると，シリンダー内の気体がピストンを押す力は pS〔N〕である。また，ピストンの移動距離を Δl〔m〕とすると，気体の体積の増加量 ΔV〔m^3〕は，$\Delta V = S\Delta l$ となる。

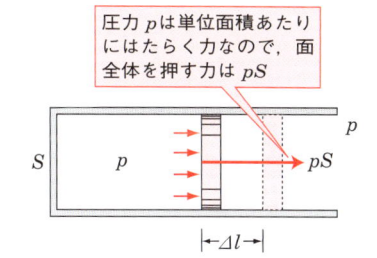

> 圧力 p は単位面積あたりにはたらく力なので，面全体を押す力は pS

> $W = Fs\cos\theta$ より，気体のした仕事は，$\boldsymbol{W = pS\Delta l = p\Delta V}$
> $\Delta V (= S\Delta l)$ は膨張した体積。

したがって，$W = pS\Delta l = p\Delta V$ となる。
気体が膨張するときは，$W>0$ となり，気体は外部に仕事をする。逆に気体が収縮するときは，$W<0$ となり，気体は外部から仕事をされる。

> **要点** 気体がする仕事 $\boldsymbol{W = p\Delta V}$
> （膨張するとき $W>0$，収縮するとき $W<0$）

2│ 圧力が体積によって変化する場合
気体の圧力 p と体積 V との関係が，図の曲線のように変化するとする。気体の体積が，V_1 から V_2 まで変化するとき，図のように，圧力を p に保ったまま，気体の体積を V から $V+\Delta V$ まで変化させると，気体がする仕事は $p\Delta V$ で表され，この仕事は図の斜線をつけた長方形の面積に等しい。

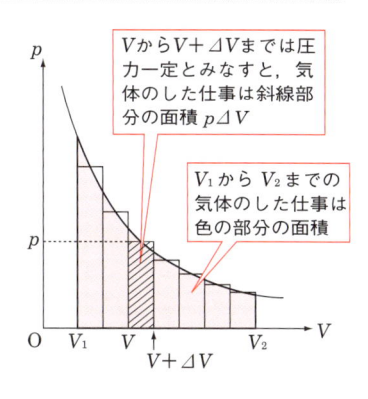

> V から $V+\Delta V$ までは圧力一定とみなすと，気体のした仕事は斜線部分の面積 $p\Delta V$

> V_1 から V_2 までの気体のした仕事は色の部分の面積

ΔV を小さくしていくと，これらの長方形の面積の総和は，図の着色した図形の面積に等しくなる。したがって，**気体の体積が V_1 から V_2 まで変化するとき，気体がする仕事は，図の着色した図形の面積で表される。**

3│ 気体がする仕事 気体が膨張するときは，仕事 W は $W>0$ となる。
→ピストンを押す力の向きとピストンが移動する向きが一致
気体が収縮するときは，仕事 W は $W<0$ となる。
→ピストンを押す力の向きとピストンが移動する向きが反対

2 熱力学の第1法則

1│ 気体の内部エネルギー 容器内の気体分子は熱運動をしているので，運動エネルギーをもっているが，そのほかに，分子間にはたらく力による位置エネルギーや分子の回転のエネルギーをもっている。一つ一つの気体分子がもつこれらのエネルギーをすべての分子について加え合わせたものを，その容器内の気体の**内部エネルギー**という。気体の内部エネルギーは絶対温度に比例する。

2│ 熱力学の第1法則 気体に外部から加えられた熱量を Q〔J〕，気体が外部にした仕事を W〔J〕，気体の内部エネルギーの増加量を ΔU〔J〕とすると，

$$\Delta U = Q - W \quad または \quad Q = \Delta U + W$$

の関係が成り立つ。これを**熱力学の第1法則**という。

> **ココに注目！**
> 熱量 Q について，
> 熱を得る→ $Q>0$
> 熱を放出→ $Q<0$
> 仕事 W について，
> 仕事をする
> → $W>0$
> 仕事をされる
> → $W<0$

> **要点**
> 気体に熱を加えたとき，気体の内部エネルギーの増加量と気体が外部にした仕事の和は，気体に加えた熱量に等しい。$Q=\Delta U+W$

3 気体のいろいろな変化と熱力学の第1法則 【重要】

1│ 定積変化 気体の体積を一定に保ったまま，気体の圧力を変える変化を**定積変化**という。このときは，体積が変わらないから，$\Delta V=0$，したがって，$W=0$ である。そのため，圧力を増す場合は，$Q=\Delta U>0$ となり，加えられた熱量は，すべて内部エネルギーの増加に費される。

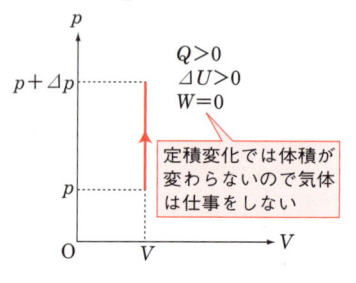

$Q>0$
$\Delta U>0$
$W=0$

定積変化では体積が変わらないので気体は仕事をしない

2│定庄変化
気体の圧力を一定に保ったまま,気体の体積を変える変化を **定圧変化** という。体積を増す場合は,

$$Q = \Delta U + W, \quad W > 0$$

となり,加えた熱量の一部は外部にする仕事になり,残りが内部エネルギーの増加に費される。

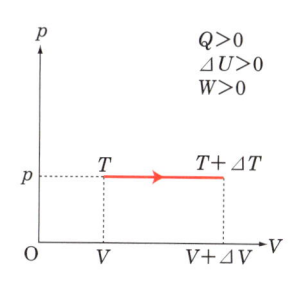

$Q > 0$
$\Delta U > 0$
$W > 0$

3│等温変化
気体の温度を一定に保ったまま,気体の体積や圧力を変える変化を **等温変化** という。このとき,圧力 p と体積 V の間には,ボイルの法則により,

$Q > 0$
$\Delta U = 0$
$W > 0$

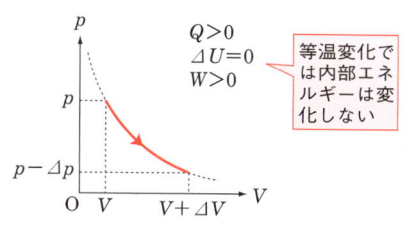

等温変化では内部エネルギーは変化しない

$pV = $ 一定

の関係がある。

これを p-V 図で示すと,図のような曲線になる。
↳双曲線である

また,温度が変わらないから,$\Delta T = 0$,したがって,$\Delta U = 0$ である。そのため,体積を増加させる場合には,$Q = W > 0$ となり,加えられた熱量はすべて外部にする仕事に変わる。

4│断熱変化
気体が外部との間で熱のやりとりをしないで体積を変える変化を **断熱変化** といい,膨張する場合を **断熱膨張**,収縮する場合を **断熱圧縮** という。断熱変化の場合は,$Q = 0$ であるから,

$$0 = \Delta U + W$$

断熱圧縮
$Q = 0$, $W < 0$ より
$\Delta U > 0$ → 温度上昇

断熱膨張
$Q = 0$, $W > 0$ より
$\Delta U < 0$ → 温度下降

となる。断熱膨張では,$W > 0$ であるから $\Delta U < 0$ となり,温度が下がる。断熱圧縮では,$W < 0$ であるから $\Delta U > 0$ となり,温度が上がる。

2編 熱

例題研究　気体のする仕事

ある気体の体積を$1.0\times10^{-3}\,\mathrm{m^3}$から$4.0\times10^{-3}\,\mathrm{m^3}$まで増加させたとき、圧力は図の赤い線で示すように変化した。この変化の間に、気体のした仕事はいくらか。

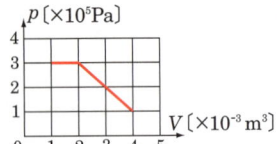

解　$1\times10^{-3}\,\mathrm{m^3}\sim2\times10^{-3}\,\mathrm{m^3}$の間の仕事$W_1$は、
$$W_1 = p_1(V_2 - V_1) = 3\times10^5\times(2-1)\times10^{-3} = 3.0\times10^2\,[\mathrm{J}]$$
$2\times10^{-3}\,\mathrm{m^3}\sim4\times10^{-3}\,\mathrm{m^3}$の間の仕事$W_2$は、台形の面積で表されるから、
$$W_2 = \frac{1}{2}(p_1 + p_2)(V_3 - V_2) = \frac{1}{2}(3+1)\times10^5\times(4-2)\times10^{-3} = 4.0\times10^2\,[\mathrm{J}]$$
よって、$W = W_1 + W_2 = 7.0\times10^2\,[\mathrm{J}]$

答　$7.0\times10^2\,\mathrm{J}$

例題研究　気体のする仕事

図のように、$1.0\times10^5\,\mathrm{Pa}$の大気のもとにおいた円筒形の容器Aに、質量$5.0\,\mathrm{kg}$、断面積$1.0\times10^{-3}\,\mathrm{m^2}$のなめらかに動くピストンBが設けてある。Aの軸は鉛直で、その内部には気体Cが入っている。気体の温度が$27\,°\!\mathrm{C}$のとき、この体積は$1.0\times10^{-2}\,\mathrm{m^3}$であった。気体をゆっくり加熱し、その温度を$327\,°\!\mathrm{C}$にしたとき、気体の体積は(ア)____$\mathrm{m^3}$、気体が外部にした仕事は(イ)____Jである。

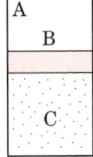

解　(ア)　$\dfrac{V}{327+273} = \dfrac{1.0\times10^{-2}}{27+273}$より、$V = \dfrac{600}{300}\times1.0\times10^{-2} = 2.0\times10^{-2}\,[\mathrm{m^3}]$

(イ)　Cの圧力pは、$p = p_0 + \dfrac{Mg}{S} = 1.0\times10^5 + \dfrac{5.0\times9.8}{1.0\times10^{-3}} \fallingdotseq 1.5\times10^5\,[\mathrm{Pa}]$

よって、$W = p\varDelta V = 1.5\times10^5\times(2.0-1.0)\times10^{-2} = 1.5\times10^3\,[\mathrm{J}]$

答　(ア)　2.0×10^{-2}　(イ)　1.5×10^3

例題研究　熱力学の第1法則

なめらかなピストンのついたシリンダーの中に入れられた気体に、$600\,\mathrm{J}$の熱を加えたところ、ピストンは$1.0\times10^{-1}\,\mathrm{m}$外側に移動した。ピストンの断面積が$2.0\times10^{-2}\,\mathrm{m^2}$、外気圧が$1.0\times10^5\,\mathrm{Pa}$であるとき、シリンダー内の気体の内部エネルギーの増加量はいくらか。

解　体積の増加量$\varDelta V$は、$\varDelta V = (1.0\times10^{-1})\times(2.0\times10^{-2}) = 2.0\times10^{-3}\,[\mathrm{m^3}]$
外部にした仕事Wは、$W = (1.0\times10^5)\times(2.0\times10^{-3}) = 2.0\times10^2\,[\mathrm{J}]$
内部エネルギーの増加量$\varDelta U$は、$\varDelta U = 600 - 200 = 400\,[\mathrm{J}]$

答　$400\,\mathrm{J}$

4章 熱とエネルギー

17 エネルギーの変換と保存

1 エネルギー保存の法則

　エネルギーには力学的エネルギーや熱エネルギーなどいろいろな種類があり，いろいろな種類のエネルギーを考えると，エネルギーの総和は一定に保たれる。これを**エネルギー保存の法則**という。

> **要点** エネルギー保存の法則
> 現象の変化の前後で**エネルギーの総和**は変わらない。

2 熱力学の第2法則

　熱は自然界の中では，高温物体から低温物体に流れ，逆の変化は起こらない。これを，**熱力学の第2法則**という。　→不可逆変化

3 熱機関 【重要】

1│熱機関　熱エネルギーを仕事に変える装置を**熱機関**という。身近にある熱機関としては，自動車のエンジンや蒸気機関などがある。

2│熱機関の効率(熱効率)　熱機関では加えられた熱量を100％仕事に変えることはできない。Q [J]の熱が加えられてW [J]の仕事ができたとき，その熱機関の効率(**熱効率**)e [％]は，$e = \dfrac{W}{Q} \times 100$

> **ココに注目!**
> 熱効率を計算するときは，得た熱量のみを考えよ。

> **要点** 熱効率　$e = \dfrac{W}{Q} \times 100$

例題研究 熱効率

毎秒1.0×10^5 J の熱をもらって，20kWの仕事をするエンジンがある。このエンジンの熱効率は何％か。

解　20kWとは毎秒20kJの仕事をすることであるから，
$$e = \dfrac{20 \times 10^3}{1.0 \times 10^5} \times 100 = 20 \text{ [\%]}$$

答 20％

要点チェック

↓答えられたらマーク　　　　　　　　　　　　　　　　　　わからなければ

- [ ] **1** 比熱 0.38J/(g・K) の物質 100g の温度を 10K 上昇させるために必要な熱量は何 J か。　　p.57 要点
- [ ] **2** 熱容量 50J/K の物体の温度を 30K 上昇させるために必要な熱量は何 J か。　　p.57 要点
- [ ] **3** 200g、0℃の氷をすべて 0℃の水に変えるために必要な熱量は何 J か。ただし、氷の融解熱は 340J/g である。　　p.57
- *[ ] **4** 体積 $0.60m^3$ の気体を、温度を一定に保ちながら圧力を $1.0×10^5Pa$ から $1.5×10^5Pa$ に変えたとき、気体の体積は何 m^3 になるか。　　p.60
- *[ ] **5** 体積 $0.60m^3$ の気体を、圧力を一定に保ちながら温度を 27℃から 77℃まで上昇させた。気体の体積は何 m^3 になるか。　　p.60
- *[ ] **6** 圧力 $1.0×10^5Pa$、体積 $0.63m^3$、温度 27℃の気体に熱を加えてあたためたところ、気体の圧力は $1.2×10^5Pa$、温度は 77℃に上昇した。気体の体積は何 m^3 になるか。　　p.60 要点
- *[ ] **7** 気体の圧力を $1.0×10^5Pa$ に保ちながら、気体に熱を加えたところ、気体の体積が $0.50m^3$ から $0.52m^3$ まで増加した。気体がした仕事は何 J か。　　p.63 要点
- *[ ] **8** 右の p-V 図のように気体を変化させたとき、気体のした仕事は何 J か。　　p.63
- [ ] **9** 1000J の熱を加えたとき、600J の仕事をした。このとき気体の内部エネルギーの増加量は何 J か。　　p.64 要点
- *[ ] **10** 状態 A から、定積変化、定圧変化、等温変化、断熱変化をさせた。そのときの変化を右のような p-V 図で表した。それぞれの変化を表すグラフを①〜④の記号で答えよ。　　p.64,65

答

1 380J、**2** 1500J、**3** 68000J、**4** $0.40m^3$、**5** $0.70m^3$、**6** $0.61m^3$ ($0.6125m^3$)、**7** 2000J、**8** 80000J、**9** 400J、**10** 定積変化：④、定圧変化：①、等温変化：②、断熱変化：③

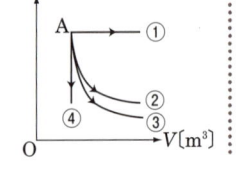

4章 練習問題

解答→p.159

1 金属の比熱を測定するために,次の2つの実験を行った。水の比熱を $4.2\,\mathrm{J/(g\cdot K)}$ として,あとの問いに答えよ。

〔実験1〕 水熱量計の中に $100\,\mathrm{g}$ の水を入れ,しばらくしてから水の温度を測ったところ,$15\,^\circ\mathrm{C}$ であった。この水に,$80\,^\circ\mathrm{C}$ の湯を $50\,\mathrm{g}$ 入れ,温度計を見ながらよくかき混ぜたところ,温度計の目盛りは $35\,^\circ\mathrm{C}$ まで上昇した。

〔実験2〕 実験1で用いた水熱量計の中に $100\,\mathrm{g}$ の水を入れ,しばらくしてから水の温度を測ったところ,温度計の目盛りは $15\,^\circ\mathrm{C}$ をさしていた。この水の中に $80\,^\circ\mathrm{C}$ にあたためた質量 $100\,\mathrm{g}$ の金属を入れ,温度計を見ながらよくかき混ぜたところ,温度計の目盛りは $20\,^\circ\mathrm{C}$ まで上昇した。

(1) 水熱量計の熱容量は何 J/K か。
(2) 金属の比熱は何 $\mathrm{J/(g\cdot K)}$ か。

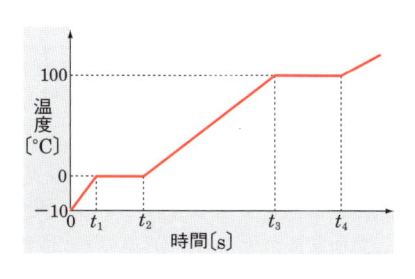

2 熱容量 $130\,\mathrm{J/K}$ の容器に,氷 $300\,\mathrm{g}$ が入っている。はじめ容器と氷の温度は $-10\,^\circ\mathrm{C}$ であった。容器と氷(または水,水蒸気)に毎秒 $200\,\mathrm{J}$ の割合で熱を加えた結果,その温度が時間とともに図(概念図)に示すように変化した。水の比熱を $4.2\,\mathrm{J/(g\cdot K)}$,氷の比熱を $2.1\,\mathrm{J/(g\cdot K)}$ として,以下の問いに答えよ。

ただし,容器からの熱の出入りはなく,内部はつねに $1.0\times10^5\,\mathrm{Pa}$ で熱平衡が保たれており,氷の融解は $0\,^\circ\mathrm{C}$,水の蒸発は $100\,^\circ\mathrm{C}$ のみに起こるものとする。

(1) 図の $t_1\,[\mathrm{s}]$ から $t_2\,[\mathrm{s}]$ までと,$t_3\,[\mathrm{s}]$ から $t_4\,[\mathrm{s}]$ までの間,温度が一定である理由を簡潔に記せ。

HINT **1** 熱量=比熱×物質の質量×温度変化,または,熱量=熱容量×温度変化

(2) $-10℃$から$0℃$までの間に,容器の得た熱量Q_C〔J〕を求めよ。

(3) t_1を求めよ。

(4) t_2は515sであった。氷の融解熱L_F〔J/g〕を求めよ。

(5) $0℃$から$100℃$までの間に,容器と水の得た熱量Q_A〔J〕を求めよ。

(6) t_4は4420sであった。水の$100℃$における蒸発熱L_V〔J/g〕を求めよ。

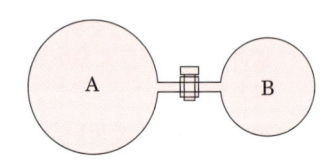

*3 容積$5.0×10^{-3} m^3$の容器Aと容積$3.0×10^{-3} m^3$の容器Bが,コックをもつ細い管でつながれている。最初コックは閉じられており,Aには$27℃$,$3.0×10^5 Pa$の理想気体を入れておき,Bには$67℃$,$2.0×10^5 Pa$の理想気体を入れておく。コックを開いて全体の温度を$127℃$に保ったとき,圧力はいくらになるか。

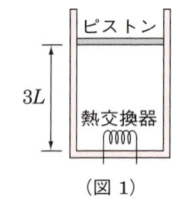

*4 図1のように,なめらかに動くピストンをそなえた断面積S〔m^2〕の円筒形容器が鉛直に立てられている。容器内には理想気体が封入されており,どのような過程を経ても気体は漏れないようになっている。また,容器下部には熱交換器が取りつけられており,気体の温度を調整することができる。ピストン,容器はともに断熱材でできており,ピストンの重さ,熱交換器の体積は無視できるものとする。大気圧をP_0〔Pa〕,重力加速度の大きさをg〔m/s^2〕として,以下の問いに答えよ。

(1) ピストンの上に質量Mのおもりをのせたとき,ピストンは容器の底面よりL〔m〕のところでつりあい,このときの気体の絶対温度はT_1〔K〕であった(図2)。このときの気体の圧力P_1〔Pa〕はいくらか。

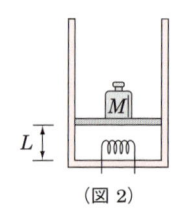

HINT

2 (2) 容器の温度と氷の温度はつねに等しい。
(3) t_1までに氷と容器が得た熱量の和が,t_1までに加えた熱量に等しい。

3 A,Bそれぞれにあった気体を単独で$8.0×10^{-3} m^3$の容器に入れたときの圧力を,ボイル・シャルルの法則を使ってまず求めよ。全体の圧力はそれらの和になる。

(2) 次に，この気体をゆっくり加熱したところ，ピストンは容器底面より $3L$ [m]のところに戻った(図3)。このときの気体の絶対温度 T_2 [K]はいくらか。
(3) このとき，気体が外部に行った仕事 W はいくらか。
(4) 次にピストンを固定して，熱交換器により気体をゆっくり冷却し，気体の絶対温度を T_3 [K]にした。このときの気体の圧力 P_2 [Pa]はいくらか。

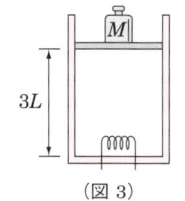

(図3)

* **5** 一定の大気圧 P_0 のもとで，図のように断面積がそれぞれ S および $2S$ のシリンダーA，Bを水平に固定し，断熱材でつくられたなめらかに動くピストンを入れて，伸び縮みしない棒で連結した。シリンダーA，Bには，おのおの理想気体が入っている。最初Aの気体の温度，体積，圧力はそれぞれ T, V, P でピストンは静止したままであった。

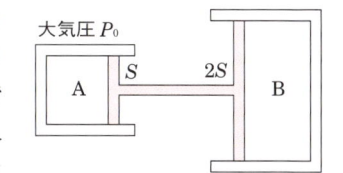

以下の問いに答えよ。ただし，加熱するとき以外は，シリンダーどうし，およびシリンダーと外部との間で熱の出入りはないものとする。なお，解答に用いる物理量を表す記号には問題中に与えられているもののみを使うこと。

(1) ピストンにはたらく力のつりあいを考えて，Bの気体の圧力を求めよ。

次に，Aの気体をゆっくりとあたためるとピストンは右に距離 x だけ移動して静止し，Aの気体の温度は T_A となった。

(2) 加熱後のAの気体の圧力を求めよ。
(3) 加熱後のBの気体の圧力を求めよ。
(4) 加熱中にA，Bの気体がした仕事の和を求めよ。

HINT

4 (2)(3) 圧力は変わらず，温度と体積が変わる。仕事 W=圧力×体積変化

5 (1) 面積 S の面に圧力 P がはたらくとき，面全体を押す力の大きさは PS [N]である。
(2) 理想気体なので，ボイル・シャルルの法則が成り立つ。
(3) ピストンにはたらく力のつりあいを考える。
(4) 外気がされた仕事量だけ，シリンダー内の気体は仕事をする。

18 等速円運動・単振動

1 等速円運動 重要

1｜角速度
単位時間あたりの回転角を**角速度**と呼ぶ。単位は rad/s である。

時間 Δt〔s〕の間に角度 $\Delta \theta$〔rad〕回転したときの角速度 ω〔rad/s〕は，

$$\omega = \frac{\Delta \theta}{\Delta t}$$

である。

☆ 弧度法
単位円（半径 1 の円）の円弧の長さで角度を表したもの。単位は rad〔ラジアン〕である。

例 　$360° = 2\pi$ rad 　　　$180° = \pi$ rad
　　→この表し方を度数法という

$90° = \dfrac{\pi}{2}$ rad 　　$60° = \dfrac{\pi}{3}$ rad

$45° = \dfrac{\pi}{4}$ rad 　　$30° = \dfrac{\pi}{6}$ rad

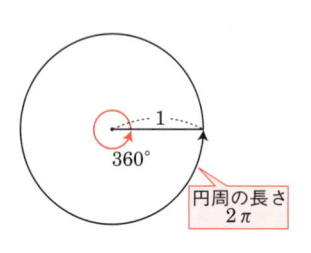

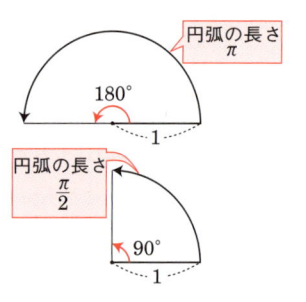

2｜等速円運動の周期，回転数

a) 周期 　1回転する時間を**周期**と呼ぶ。半径 r〔m〕の円周上を，速さ v〔m/s〕で等速円運動している物体の円運動の周期 T〔s〕は，

$$T = \frac{2\pi r}{v}$$

で与えられる。また，この円運動の角速度が ω であるとすれば，

$$T = \frac{2\pi}{\omega}$$

である。

この2式より，$v = r\omega$ の関係式が導かれる。

b) 回転数 　単位時間あたりに回転する回数を**回転数**と呼ぶ。回転数 n と周期 T の間には，$n = \dfrac{1}{T}$ の関係式が成り立つ。

2 単振動 重要

図のように,等速円運動をしている物体の,x 軸に射影された物体の運動を**単振動**と呼ぶ。

☆ 振幅 A, 角振動数 ω の単振動

a) 変位　$x = A \sin \omega t$

b) 速度　$v = A\omega \cos \omega t$

c) 周期　1振動する時間 T を**周期**と呼ぶ。

$$T = \frac{2\pi}{\omega}$$

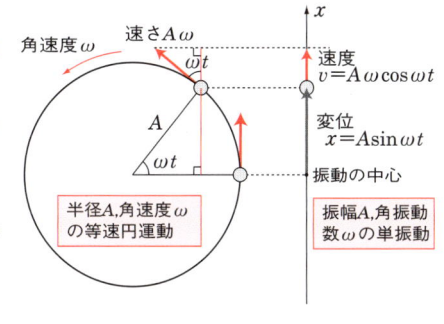

→ 1回転の角

d) 振動数　単位時間あたりに振動する回数を**振動数**と呼ぶ。単位はヘルツ〔Hz〕である。振動数 f と周期 T の間には,$f = \frac{1}{T}$ の関係式が成り立つ。

> **要点**
> 単振動の**速さが最大→振動の中心**(変位 0)
> 単振動の**速さが 0 →変位が最大**のとき(運動の向きを変えるとき)

例題研究 単振動

振幅 A, 振動数 f の単振動をしている物体について,以下の問いに答えよ。

(1) 振動の中心を原点としたとき,時刻 t における物体の変位 x を表す式を記せ。ただし,時刻 $t = 0$ における変位は A であったとする。

(2) 物体の速さが最大になる位置と,そのときの速さを求めよ。

解 (1) 単振動の変位は $x = A \sin(\omega t + \phi)$ で与えられる。$\omega = 2\pi f$ であり,時刻 $t = 0$ における変位は A であるから,$\phi = \frac{\pi}{2}$ となり,$x = A \cos 2\pi f t$ となる。

(2) 物体の速さ v は,$v = A\omega \cos(\omega t + \phi) = -2\pi f A \sin 2\pi f t$ で与えられるので,速さが最も大きくなるのは,$\sin 2\pi f t = \pm 1$ のとき,すなわち振動の中心においてである。

また,速さの最大値は $v_{\max} = 2\pi f A$ と求められる。

答 (1) $x = A \cos 2\pi f t$

(2) **振動の中心**で最大で,そのときの速さは $2\pi f A$

19 波の要素

1 波の発生

1| 波 長いゴムひもの一端を固定して水平に張り,他端を上下に振動させると,振動がゴムひもを伝わっていく。このように,ある場所に生じた状態の変化が,次々に隣の部分に伝わっていく現象を波,または波動といい,波を伝える物質を媒質という。

2| 正弦波 媒質の1点に生じた単振動が,次々に隣の点に伝わっていくときできる波を正弦波という。

2 波の要素 重要

1| 振幅と波長

a) **波長** 1つの波の隣り合う山と山との距離,または谷と谷との距離を波長という。波長は λ で表す。波長はある点と同位相の隣の点との距離である。

b) **振幅** 媒質の単振動の振幅 A を波の振幅という。

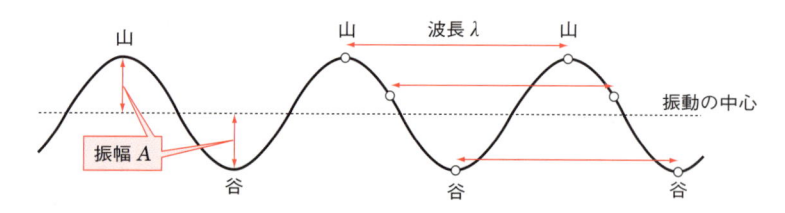

振幅…変位の最大値(振動の中心から山の高さ,または谷の深さ)
波長…山(谷)から山(谷)までの距離(波の形の等しい2点間の距離)

2| 周期と振動数 媒質の単振動の周期 T と振動数 f を,それぞれ波の周期,振動数という。

a) **波の周期** 媒質が1振動する時間である。

b) **波の振動数** 媒質が1秒間に振動する回数である。

周期 T と振動数 f との間には $f = \dfrac{1}{T}$ の関係がある。
→逆数の関係である

3 波の速さ

波の山または谷は，1周期 T [s] の間に1波長 λ [m] だけ進む。

よって，波の伝わる速さ v [m/s] は，

$$v = \frac{\lambda}{T} = f\lambda$$

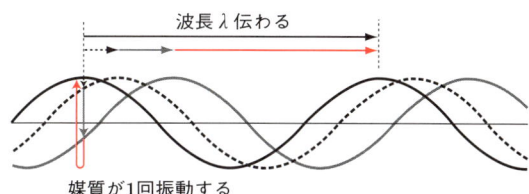

▲媒質が1回振動する時間（周期）T [s] の間に，波長は λ [m] 伝わる。

> **要点** 波は1周期 T の間に1波長 λ 伝わる。
>
> $$v = \frac{\lambda}{T} = f\lambda$$

例題研究 波の要素

x 軸上を正の向きに正弦波が進んでいる。時刻 0 のとき，右図の実線で示す波形であったが，0.50秒後にはじめて点線で示す波形になった。

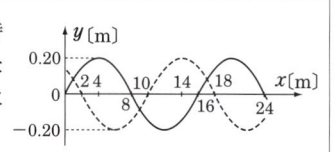

(1) この波の振幅，速さ，波長，振動数，周期を求めよ。

(2) 時刻 0 のときの原点における媒質の速度の向きを求めよ。

解 (1) 図より，振幅 $A = 0.20$ m，波長 $\lambda = 16$ m，速さ $v = \dfrac{14-4}{0.50} = 20$ [m/s]

振動数は，$v = f\lambda$ より，$f = \dfrac{20}{16} = 1.25$ [Hz]

周期は，$f = \dfrac{1}{T}$ より，$T = \dfrac{1}{1.25} = 0.80$ [s]

(2) 図のように，$t = \Delta t$ のときの波形をかいてみると，原点の媒質は下向きに運動することがわかるから，y 軸の負の向き。

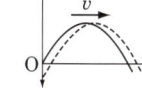

答 (1) 振幅 **0.20m**，速さ **20m/s**，波長 **16m**，振動数 **1.25Hz**，周期 **0.80s**

(2) **y 軸の負の向き**

20 横波と縦波

1 横波と縦波

1｜横波 媒質の振動方向と波の進行方向とが互いに垂直な波を横波という。

2｜縦波 媒質の振動方向と波の進む方向とが一致している波を縦波，または疎密波という。

2 縦波を横波のように表す方法 重要

1｜縦波の表し方 下の図のように，媒質の各点が，振動の中心から x 軸の正の向きに変位しているときは，その変位を y 軸の正の向きの変位に置き換え，振動の中心から x 軸の負の向きに変位しているときは，その変位を y 軸の負の向きの変位に置き換えて波形をかく。

↳このように決めて表す

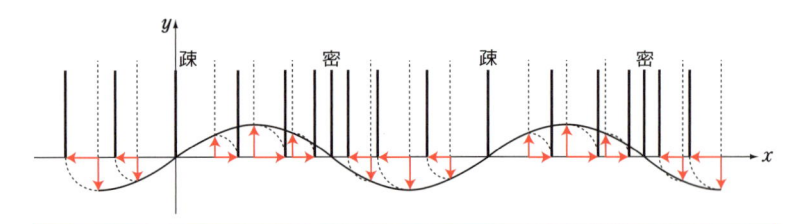

> 縦波を横波のようにグラフで表す方法
> ● x 軸の正の向きの変位は y 軸の正の向きに描く。（反時計回りに $90°$ 回転）
> ● x 軸の負の向きの変位は y 軸の負の向きに描く。（反時計回りに $90°$ 回転）
> ★点線が振動の中心を表している。
> ★問題では，縦波をグラフで表している場合が多い。疎密の関係を知りたいときは上の逆の操作を行い，図の太い実線のように描くと疎密の関係が求められる。

2｜縦波の疎部と密部 縦波を横波のように表した場合，上の図に示したように，曲線が右上がりに傾いているところが疎部になり，右下がりに傾いているところが密部になる。

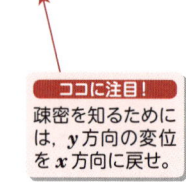

ココに注目！
疎密を知るためには，y 方向の変位を x 方向に戻せ。

3｜縦波の波長 縦波の波長は，隣り合う疎部と疎部，または密部と密部との距離である。

要点

縦波を横波のように表した場合

曲線が { **右上がり**に傾いているところが**疎**
　　　　右下がりに傾いているところが**密**

例題研究　縦波の疎密

右の図は，縦波の媒質の変位をy軸，波の進行方向をx軸の正の向きにとって表した縦波のグラフで，正弦曲線を示している。次の問いに答えよ。

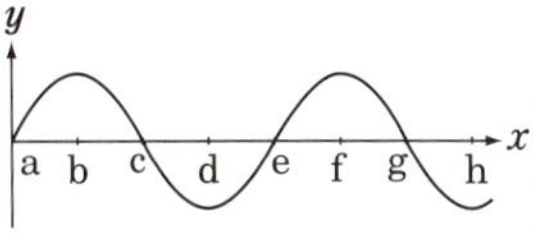

(1) 最も密な部分はどこか。
(2) 最も疎な部分はどこか。
(3) 媒質の速度が0の部分はどこか。
(4) 媒質の速度が左向きで，最大の部分はどこか。
(5) 媒質の加速度が右向きで，最大の部分はどこか。

解 (1) 曲線が右下がりに傾いているところだから，c, g

(2) 曲線が右上がりに傾いているところだから，a, e

(3) 媒質の各部分は単振動をしているから，速度が0の部分は振動の両端，すなわち，波の山または谷の部分である。よって，b, d, f, h

(4) 媒質の速度の大きさが最大の部分は振動の中心，すなわち，媒質の変位が0の部分で，a, c, e, gである。右の図のように，微小時間後の波形をかいてみるとcとgの部分はyの正の向きに運動するから，これをx方向の運動に置き換えると右向きに運動することになる。

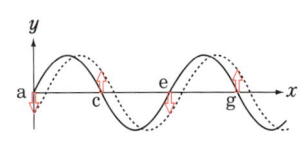

また，aとeの部分はyの負の向きに運動するから，これをx方向の運動に置き換えると，左向きに運動することになる。

よって，求める点はa, eである。

(5) 媒質の加速度が最大の部分は振動の両端，すなわち，波の山または谷の部分である。これにあてはまる点はb, d, f, hである。単振動の加速度の向きは，つねに振動の中心に向かうから，図のように，bとfの部分の加速度は下向き，すなわち左向きであり，dとhの部分の加速度は上向き，すなわち右向きである。よって，求める点はd, hである。

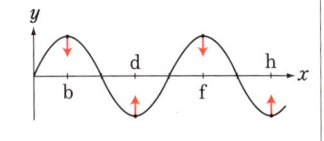

答 (1) **c, g**　(2) **a, e**　(3) **b, d, f, h**　(4) **a, e**　(5) **d, h**

3編 波

21 波を表すグラフと波の位相

1 正弦波の式 重要

1│ x の正の向きに進む正弦波の式 原点の媒質が，図のように振幅 A，周期 T の単振動を行い，時刻 t における変位 y が次の式で表されるものとする。

$$y = A \sin \frac{2\pi}{T} t$$

位置 x まで伝わるのに時間が $\frac{x}{v}$ かかる

位置 x における時刻 t の変位は，時刻 $t - \frac{x}{v}$ における原点の変位に等しい

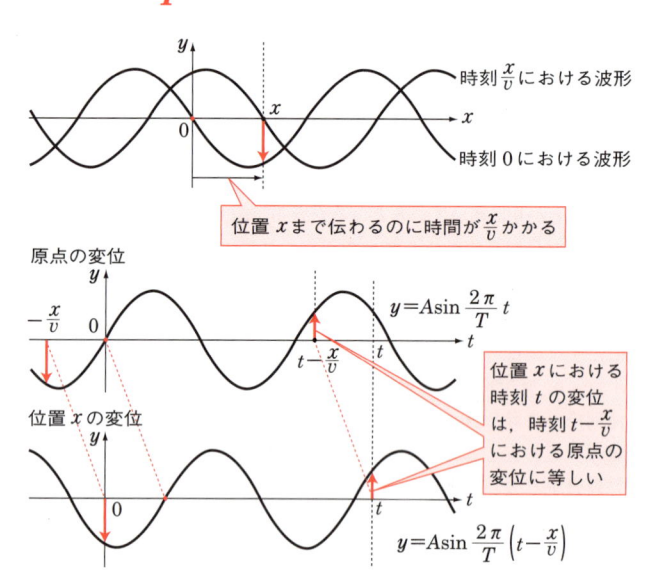

この振動が x の正の向きに速さ v で伝わるものとすると，**原点から距離 x だけ離れた点の媒質は，原点の媒質の振動から時間 $\dfrac{x}{v}$ だけ遅れた振動をする**。したがって，位置 x の媒質の時刻 t における変位は，時刻 t より時間 $\frac{x}{v}$ だけ前の時間，すなわち時刻 $t - \frac{x}{v}$ における原点の媒質の変位に等しい。よって，位置 x の時刻 t における変位 y は，

$$y = A \sin \frac{2\pi}{T}\left(t - \frac{x}{v}\right) = A \sin 2\pi\left(\frac{t}{T} - \frac{x}{\lambda}\right)$$

ココに注目！
波が x 軸の方向に伝わる
↓
原点より $\dfrac{x}{v}$ 遅く振動する

> **要点** x の正の向きに進む正弦波の式
>
> 原点の変位が $y = A \sin \dfrac{2\pi}{T} t$ で表されるとき,
>
> $$y = A \sin \dfrac{2\pi}{T}\left(t - \dfrac{x}{v}\right) = A \sin 2\pi \left(\dfrac{t}{T} - \dfrac{x}{\lambda}\right)$$

2 x **の負の向きに進む正弦波の式** 原点の変位が $y = A \sin \dfrac{2\pi}{T} t$ で表される波が x の負の向きに速さ v で伝わるものとすると,原点から距離 x だけ離れた点の媒質は,原点の媒質の振動から時間 $\dfrac{x}{v}$ だけ早い振動をする。したがって,位置 x の媒質の時刻 t における変位は,時刻 t より時間 $\dfrac{x}{v}$ だけ後の時刻,すなわち時刻 $t + \dfrac{x}{v}$ における原点の媒質の変位に等しい。

ココに注目!
波が x 軸の負の方向に伝わる
↓
原点より $\dfrac{x}{v}$ 早く振動する

←符号が変わっただけ

$$y = A \sin \dfrac{2\pi}{T}\left(t + \dfrac{x}{v}\right) = A \sin 2\pi \left(\dfrac{t}{T} + \dfrac{x}{\lambda}\right)$$

2 波の位相

正弦波の式で $2\pi\left(\dfrac{t}{T} - \dfrac{x}{\lambda}\right)$ は角度〔rad〕を表し,これを **波の位相** という。

例題研究 正弦波の式

時刻 $t = 0$ s における波形が右図のようになるとき,位置 x〔m〕,時刻 t〔s〕における変位 y〔m〕を式で表せ。ただし,波の周期は T〔s〕とする。

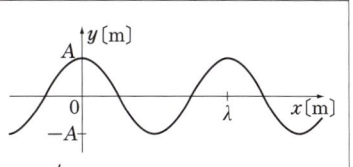

解 図の波形から,原点の振動は $y = A \cos 2\pi \dfrac{t}{T}$ と表される。波の伝わる速さは $\dfrac{\lambda}{T}$ であるから,原点の振動が位置 x まで伝わるのに $\dfrac{Tx}{\lambda}$〔s〕時間がかかり,時刻 $t - \dfrac{Tx}{\lambda}$ における原点の振動が,時刻 t における位置 x での振動になる。

よって,$y = A \cos 2\pi \dfrac{t - \dfrac{Tx}{\lambda}}{T} = \boldsymbol{A \cos 2\pi \left(\dfrac{t}{T} - \dfrac{x}{\lambda}\right)}$ …**答**

22 波の重ね合わせ

1 波の独立性

図のように，波Aと波Bが左右から伝わってきて出あうと，波A，Bは変形するが，すれちがった後は波Aと波Bはもとの形に戻り，互いに影響を受けることはない。これを**波の独立性**と呼ぶ。

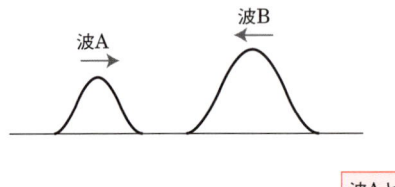

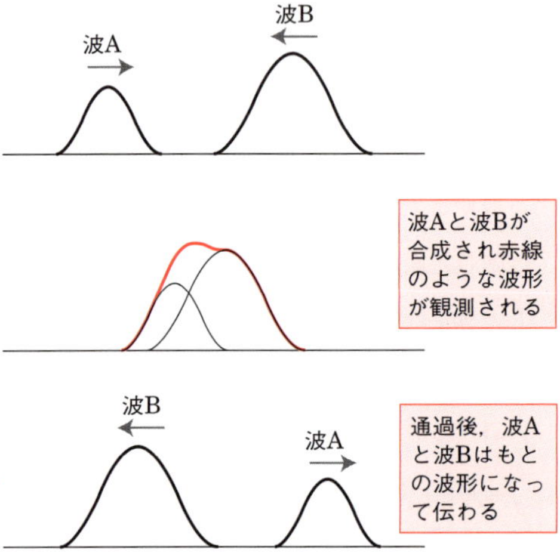

波Aと波Bが合成され赤線のような波形が観測される

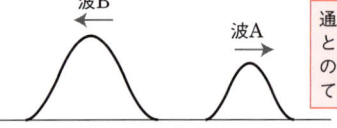

通過後，波Aと波Bはもとの波形になって伝わる

ココに注目！
波が衝突し通過した後は，もとの波の形がそのまま現れてくる。

▲波の独立性
波Aと波Bが重なると，波Aと波Bの形は消えてしまうが，通過した後は，波Aと波Bの形がもとのように現れてくる。

2 波の重ね合わせの原理 重要

2つの波が重なり合ったときにできる波の形は，それぞれの波の変位を足し合わせたものになる。

1 変位が同方向の場合

図のように，同じ方向に変位した波が重なった場合，波の高さ(変位)y_Aとy_Bを足し合わせた高さが，合成波の高さ(変位)yとなる。

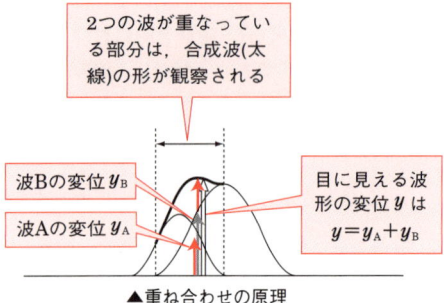

2つの波が重なっている部分は，合成波(太線)の形が観察される

波Bの変位 y_B
波Aの変位 y_A

目に見える波形の変位 y は
$y = y_A + y_B$

▲重ね合わせの原理

2 変位が逆方向の場合

図のように,重なっている波の変位が逆向きの場合,上向きの波の高さ y_B から下向きの波の高さ(矢印の長さ) y_A を引くことによって,合成波の波の高さを求めることができる。

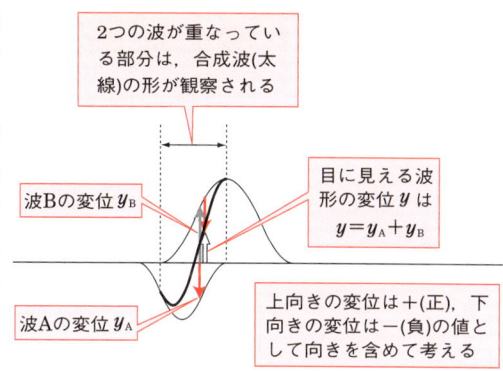

> 2つの波が重なっている部分は,合成波(太線)の形が観察される

> 波Bの変位 y_B

> 目に見える波形の変位 y は $y = y_A + y_B$

> 波Aの変位 y_A

> 上向きの変位は+(正),下向きの変位は-(負)の値として向きを含めて考える

▲重ね合わせの原理

変位はベクトルなので,向きと大きさをもっている。上向きを正(+),下向きを負(-)とすれば,$y_A(<0)$ と $y_B(>0)$ を加えることによって,合成波の変位 y を求めることができる。
→重ね合わせの原理

> **要点** 2つの波が重なってできる波の変位 y は,それぞれの波の変位 y_A と y_B の和に等しい。 $y = y_A + y_B$

例題研究 合成波

図のように,逆向きに伝わる三角波A,Bがある。波の伝わる速さが1秒間に2目盛りであるとき,図の状態から3秒後の波Aと波Bの合成波を図に記せ。

解 波Aは右へ2(目盛り)×3=6(目盛り)伝わるので,破線の位置から実線の位置へ移動し,波Bは左へ6目盛り伝わり破線の位置から実線の位置へ移動する。波Aの変位は+,波Bの変位は-として加えると,赤色の合成波が求められる。

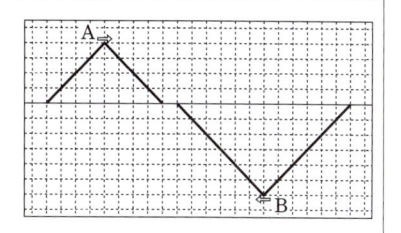

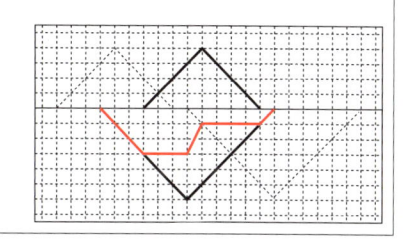

答 右図

23 波の干渉と定常波

1 定常波 重要

1 定常波の発生

波長 λ, 周期 T および振幅 A の等しい2つの波が, 互いに逆向きに進んで重なる場合の合成波は定常波をつくる。

a) **腹** 定常波では, 山または谷ができる場所は時間に関係なく一定で, その場所を**腹**と呼ぶ。

b) **節** 定常波では, 変位が **0** の場所は時間に関係なく一定で, その場所を**節**と呼ぶ。

2 定常波の振動数, 波長, 振幅

a) **振動数** 定常波をつくる進行波の振動数 f に等しい。

b) **波長** 定常波をつくる進行波の波長 λ に等しい。

c) **振幅** 定常波をつくる進行波の振幅 A の2倍の $2A$ である。

(注) 定常波の振幅は山の高さと考えると間違えてしまうことがある。山の高さは時間とともに変化する。その中での最大値が振幅になる。

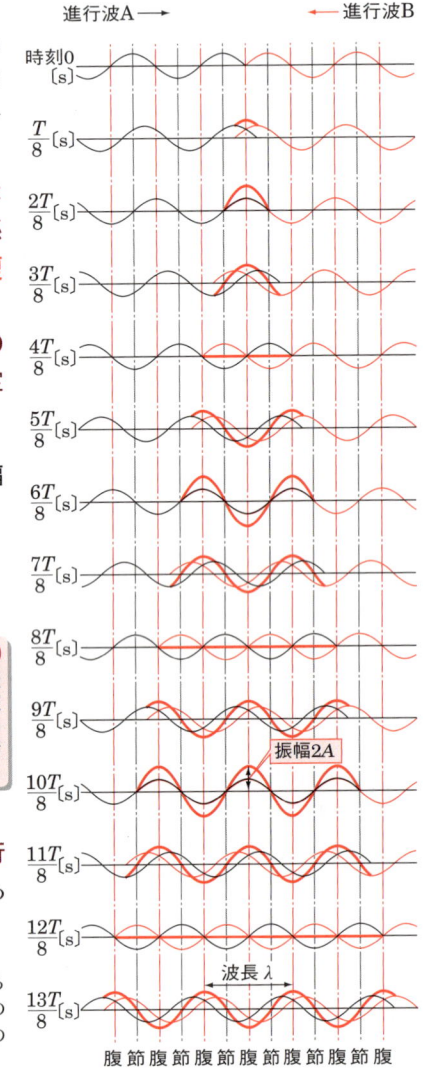

ココに注目!
定常波の波長, 振動数は進行波の波長, 振動数と等しいが, 振幅は2倍になる。

進行波A → ← 進行波B

時刻0 [s], $\frac{T}{8}$ [s], $\frac{2T}{8}$ [s], $\frac{3T}{8}$ [s], $\frac{4T}{8}$ [s], $\frac{5T}{8}$ [s], $\frac{6T}{8}$ [s], $\frac{7T}{8}$ [s], $\frac{8T}{8}$ [s], $\frac{9T}{8}$ [s], $\frac{10T}{8}$ [s], $\frac{11T}{8}$ [s], $\frac{12T}{8}$ [s], $\frac{13T}{8}$ [s]

振幅2A

波長 λ

腹 節 腹 節 腹 節 腹 節 腹 節 腹

5章 波とその性質

> **要点** 振動数 f, 波長 λ, 振幅 A の進行波のつくる定常波の
> 振動数は f, 波長は λ, 振幅は $2A$

2 波の干渉 重要

1 2つの波源から出る波の干渉

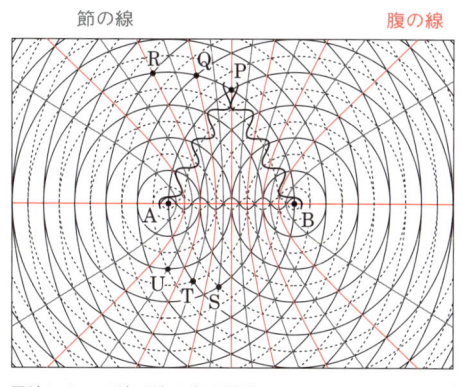

節の線　　　　　　　　腹の線

○2つの波源から出た波の干渉
- 波源A, Bから位相の等しい波が空間に広がっている。実線は波の山を，点線は波の谷を表している。
- 山と山が重なっている場所と谷と谷が重なっている場所は干渉によって強め合い，山と谷が重なっている場所は弱め合う。
- 波源A, Bを結ぶ直線上では逆方向に伝わる波によって定常波ができている。
- 赤い線は定常波の腹の位置を通る線で腹の線と呼ぶ。
- 黒の薄い線は定常波の節の位置を通る線で節の線と呼ぶ。

干渉によって波が強め合う場所（観測点が腹線上）

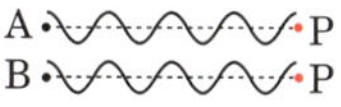

波源A, Bからの経路差が0なので，P点で波の形が同じになり強め合う

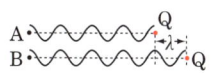

波源A, Bからの経路差が λ なので，Q点で波の形が同じになり強め合う

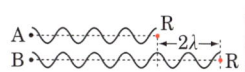

波源A, Bからの経路差が 2λ なので，R点で波の形が同じになり強め合う

干渉によって波が弱め合う場所（観測点が節線上）

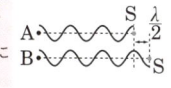

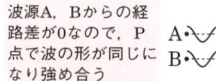

波源A, Bからの経路差が $\lambda/2$ なので，S点で波の形が逆になり弱め合う

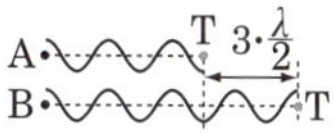

波源A, Bからの経路差が $3\lambda/2$ なので，T点で波の形が逆になり弱め合う

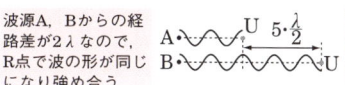

波源A, Bからの経路差が $5\lambda/2$ なので，U点で波の形が逆になり弱め合う

2 干渉の条件
2つの波源 A，B から水面上のある点までの距離を，それぞれ r_1，r_2，波長を λ とすると，波源からの距離の差が**波長の整数倍（半波長の偶数倍）**

$$|r_1 - r_2| = \underbrace{m\lambda}_{\text{波長の整数倍}} = 2m \cdot \frac{\lambda}{2} \quad (m = 0, 1, 2, \cdots)$$

となる点では，つねに2つの波の山と山，または谷と谷が重なり合うので，

2つの波は互いに強め合い，振幅がもとの波の2倍になる。
また，波源からの距離の差が**波長の整数倍＋半波長（半波長の奇数倍）**

$$|r_1 - r_2| = \left(m + \frac{1}{2}\right)\lambda \quad (m=0,\ 1,\ 2,\ \cdots)$$

↳波長の整数倍＋半波長

となる点では，つねに**2つの波の山と谷，または谷と山が重なり合う**ので，**2つの波は互いに弱め合い**，媒質はほとんど振動しない。

> **要点**
>
> 干渉の条件（波源A，Bの位相が等しい場合）
>
> 観測点Pまでの経路差 $|AP - BP| = \begin{cases} 2m \cdot \dfrac{\lambda}{2} & \cdots\cdots 強め合う \\ (2m+1)\dfrac{\lambda}{2} & \cdots\cdots 弱め合う \end{cases}$
>
> $(m=0,\ 1,\ 2,\ \cdots)$

例題研究　波の干渉

波長0.8cm，振幅0.4cmの2つの波が，水面上で3.6cm離れた2点A，Bから同じ位相で同時に広がっている。次の点における波のようすは，それぞれどのようになるか。

(1) 2点A，Bからそれぞれ7.2cm，9.6cmのところにある点P
(2) 2点A，Bからそれぞれ5.6cm，3.6cmのところにある点Q
(3) 2点A，Bを結ぶ直線ABのBのほうの延長上にある点R

解 (1) $|AP - BP| = |7.2 - 9.6| = 2.4 = 6 \times \dfrac{0.8}{2}$ となり，2点からの距離の差が，波長の整数倍になる。

よって，この点は振幅が $0.4 \times 2 = 0.8$ [cm] の振動をする。

(2) $AQ - BQ = 5.6 - 3.6 = 2.0 = 5 \times \dfrac{0.8}{2}$ となり，2点からの距離の差が，波長の整数倍＋半波長 になる。よって，この点はほとんど振動しない。

(3) $BR = x$ [cm] とすると，$AR = x + 3.6$ [cm] となるから，

$$AR - BR = 3.6 = 9 \times \dfrac{0.8}{2}$$

よって，この点はほとんど振動しない。

答 (1) 振幅 **0.8cm** の振動をする。
(2) ほとんど振動しない。　(3) ほとんど振動しない。

5章 波とその性質

例題研究　波の干渉

水面上で 5cm 離れた 2 点 A，B から，波長 2cm の等しい波が同じ位相で出ている。A と B を結ぶ線分上で，大きく振動するところは何か所できるか。

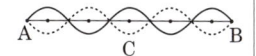

解　A，B から出た 2 つの波は，AB 間に定常波をつくる。A，B から同時に出た 2 つの波は，AB の中点 C で出あうから，C はこの定常波の腹になる。また，隣り合う腹と腹の間隔は 1cm であるから，この定常波は上図のようになる。線分 AB 上で大きく振動する点はこの定常波の腹の位置で，5 か所ある。　**答　5 か所**

(別解)　求める点を P とし，AP $=x$〔cm〕とすると，

$$|AP-BP| = |x-(5-x)| = |2x-5| = m \times 2$$
$$(m=0,\ 1,\ 2,\ \cdots)$$

よって，$2x-5 = \pm 2m$　　ゆえに，$x = \dfrac{1}{2}(5 \pm 2m)$

$0 \leqq x \leqq 5$ を満たす x は，$x = 0.5,\ 1.5,\ 2.5,\ 3.5,\ 4.5$〔cm〕　**答　5 か所**

例題研究　定常波

図のように，振幅 a，周期 T の等しい 2 つの波 W_1，W_2 が，x 軸上を互いに逆向きに，等しい速さ v で進んでいる。波が図の位置にある時刻を 0 として，次の問いに答えよ。

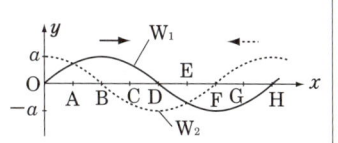

(1) 時刻 $t = \dfrac{T}{4}$ における合成波の波形をかけ。

(2) 合成波の変位が，時刻に関係なくつねに 0 である点はどこか。

(3) 点 A の位置における合成波の振幅はいくらか。

解　(1)　時刻 $t = \dfrac{T}{4}$ には，2 つの波はそれぞれの波の進行方向に $\dfrac{1}{4}$ 波長ずつ進んでいるから，右図のようになる。

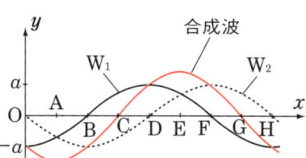

(2)　求める点は，2 つの波がつくる定常波の節の位置である。この点は合成波の変位が 0 のところだから，C と G である。

(3)　点 A は，定常波の腹の位置であるから，求める振幅はもとの波の振幅の 2 倍，すなわち $2a$ である。

答　(1) **上図**　　(2) **C, G**　　(3) **$2a$**

24 波の反射と位相の変化

1 自由端反射

波が媒質の自由端で反射される場合，山は山として，また，谷は谷として反射される。すなわち，**反射波の位相は，入射波の位相と同じである**。
←位相がずれない

2 固定端反射

波が媒質の固定端で反射される場合，山は谷として，また，谷は山として反射される。すなわち，**反射波の位相は，入射波の位相と π だけずれている**。

ココに注目！
自由端反射では位相は変化しないが，固定端反射では位相が π ずれる。

▼反射波の作図法

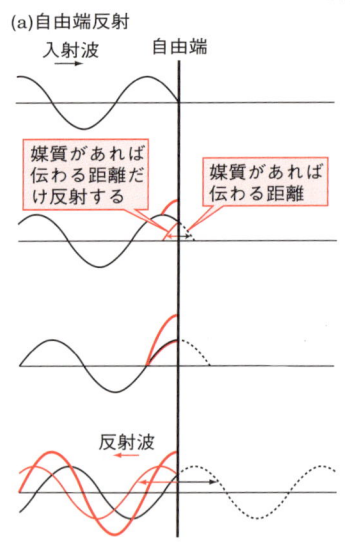

(a) 自由端反射
- 入射波 / 自由端
- 媒質があれば伝わる距離だけ反射する
- 媒質があれば伝わる距離
- 反射波

(a) 自由端反射では，反射した波は，自由端に対して破線の波を折り返した形で作図すればよい。

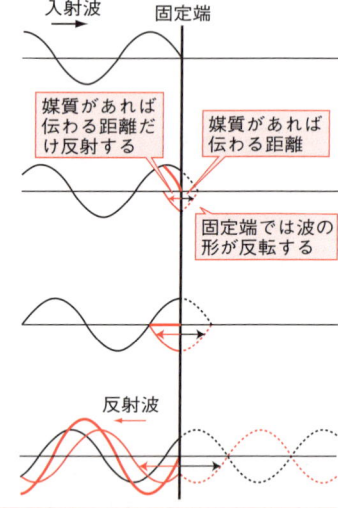

(b) 固定端反射
- 入射波 / 固定端
- 媒質があれば伝わる距離だけ反射する
- 媒質があれば伝わる距離
- 固定端では波の形が反転する
- 反射波

(b) 固定端反射では，反射した波は，固定端に対して赤色の破線の波を折り返した形で作図すればよい。

要点
反射波の位相
- **固定端**の場合→入射波の位相と **π** だけずれる。
- **自由端**の場合→入射波の位相と**同じ**である。

5章 波とその性質

3 入射波と反射波によってできる定常波 重要

入射波と反射波が干渉して定常波ができる場合，**固定端は節となり，自由端は腹となる。**

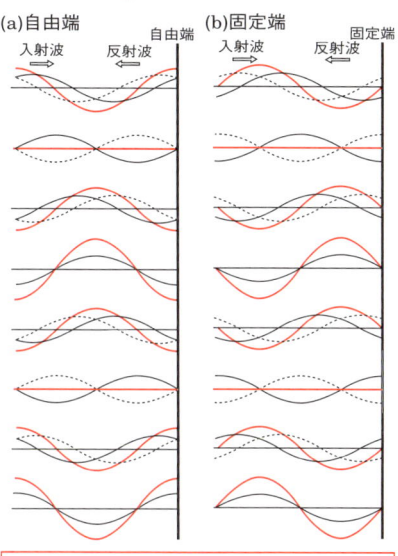

1 自由端での反射

自由端では入射波と反射波の波の形は変わらないので，入射波の変位と反射波の変位は等しい。よって，**合成波の変位は2倍となり，定常波の腹になる。**

2 固定端での反射

固定端では入射波と反射波の位相がπずれるので，入射波の変位と反射波の変位は向きが反対で大きさが等しい。よって，**合成波の変位はつねに0となり，定常波の節になる。**

実線が入射波，破線が反射波，赤い線が合成波。
(a)自由端　合成波は自由端で変位が最大で，腹。
(b)固定端　合成波は固定端で変位が0で，節。

現象としては，固定端では合成波の変位が0になるように力がはたらくので（←固定されているので動けない），反射波の変位が入射波の変位と逆になると考えればよい。

例題研究　入射波と反射波の合成

右図はPからQに向かって進む三角状のパルス波を示している。波の進む速さを2cm/sとして，波が図の位置を通過した時刻から2.5秒後の反射波の波形および合成波の波形を，それぞれQが固定端の場合と自由端の場合に分けてかけ。

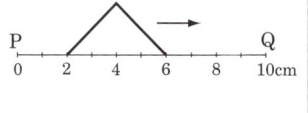

解 2.5秒後にはQで反射した波が9cmのところにくる。

答 固定端の場合　　　　　自由端の場合

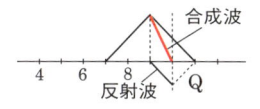

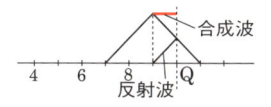

25 波の回折・反射・屈折

1 ホイヘンスの原理 重要

1 波面と射線

a) **波面** 位相の等しい点を連ねたときできる線または面を**波面**といい、波面が直線または平面の波を**平面波**、円または球面の波を**球面波**という。

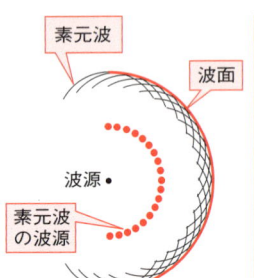

◀波の伝わり方（ホイヘンスの原理）
①波面上の各点を波源とする素元波を作図する。
②素元波の接線（接する面）が波面になる。

b) **射線** 波の進行方向を示す線を**射線**という。射線はつねに波面に垂直である。

ココに注目! 波の伝わる方向は、つねに波面に垂直である。

2 ホイヘンスの原理
波が伝わるときには、1つの波面上の各点から無数の2次的な球面波ができ、これらの球面波に共通に接する面が次の瞬間の波面になる。

これを使って波の性質が説明できる

2 波の回折

2枚の板でつくったすきまに、平面波を通してみると、波は板のすきまから円形状に広がり、板の背後の部分にまで回り込む。この現象を、**波の回折**という。

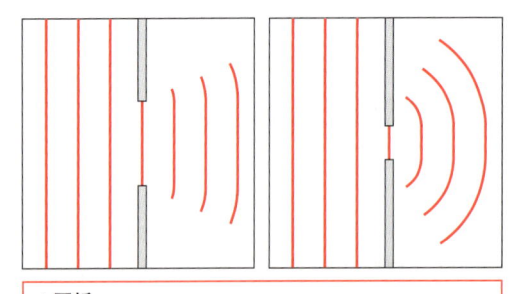

▲回折
すきまの間隔が狭いほうが裏側に大きく回り込む。

要点 回折現象は、**すきまの間隔が波長と同程度かそれより小さく**なると、大きく回り込むように現れる。

3 波の反射 重要

1 反射の法則

入射波の射線と反射波の射線が，反射面に立てた法線となす角を，それぞれ**入射角 i，反射角 i'** という。
→反射面に垂直にひいた直線
一般に，
入射角と反射角とは等しい。すなわち，$i = i'$
波が反射しても，伝わる速さ，波長，振動数は変わらない。

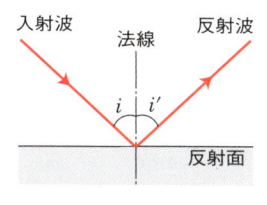

> **要点** 反射の法則
>
> $$\text{入射角 } i = \text{反射角 } i'$$

2 ホイヘンスの原理による反射波の作図と反射の法則の証明

波面 AB が反射面に達すると，点 A に近いほうから順次反射されていく。いま，波面上の一端 A が反射面に達してから時間 t の後に，波面上の他端 B から出た球面波が反射面上の点 B′ に達したものとする。

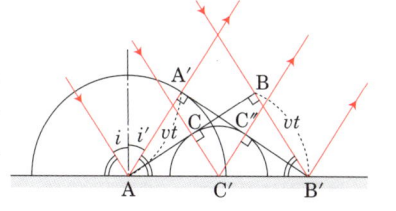

この間に点 A から出た球面波は，波の速さを v とすると，点 A を中心とする半径 vt の球面上まで広がっている。その間には，波面 AB 上の任意の点 C から出た球面波も反射面上の点 C′ に達し，さらに，点 C′ から球面波が出るが，これらの球面波は，すべて点 B′ を通り，点 A から出た球面波に接する平面 A′B′ に達する。したがって，反射後の波面は平面 A′B′ となる。ここで，**△ABB′ ≡ △B′A′A** であるから，$i = i'$ となる。

4 波の屈折 重要

1 屈折の法則

波が 1 つの媒質から異なる媒質に進むとき，一般に波の進行方向が急に変わる。この現象を波の**屈折**といい，入射点で 2 つの媒質の境界面に立てた法線と，屈折波の射線のなす角を**屈折角**という。

一般に，波が媒質Ⅰから媒質Ⅱに進むとき，媒質Ⅰでの波の伝わる速さを v_1，波長を λ_1，また，媒質Ⅱでの波の伝わる速さを v_2，波長を λ_2，入射角を i，屈折角を r とすると，これらの間には次の関係がある。

→分母，分子を間違えないようにする

$$\frac{\sin i}{\sin r} = \frac{v_1}{v_2} = \frac{\lambda_1}{\lambda_2} = n_{12}$$

一定値 n_{12} を媒質Ⅰに対する媒質Ⅱの**屈折率**という。

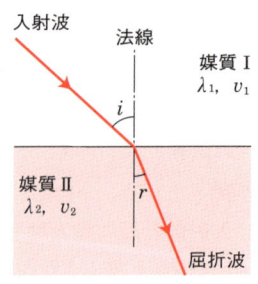

> **要点　屈折の法則**
>
> $$\frac{\sin i}{\sin r} = \frac{v_1}{v_2} = \frac{\lambda_1}{\lambda_2} = n_{12} \text{ （一定）}$$
>
> n_{12} は媒質Ⅰに対する媒質Ⅱの屈折率。

2│ホイヘンスの原理による屈折波の作図と屈折の法則の証明

右の図において，媒質Ⅰと媒質Ⅱを伝わる波の速さを，それぞれ v_1，v_2 とし，入射波の波面AB上の一端Aが媒質の境界面に達してから時間 t 後に，波面上の他端Bから出た球面波が境界面上の点B′に達したものとする。この間に，**点Aから出た球面波は，点Aを中心とする半径 $v_2 t$ の球面上まで広がっている。**

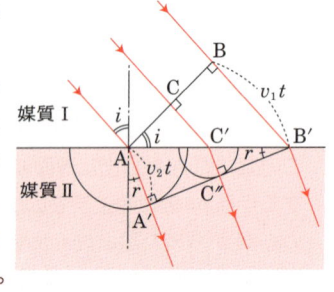

その間には，波面AB上の任意の点Cから出た球面波も境界面上の点C′に達し，さらに，点C′から球面波が出るが，これらの球面波は，すべて点B′を通り，点Aから出た球面波に接する平面A′B′に達する。したがって，屈折後の波面は平面A′B′となる。いま，入射角を i，屈折角を r とすれば，∠BAB′=i，∠AB′A′=r となるから，

$$\frac{\sin i}{\sin r} = \frac{\dfrac{BB'}{AB'}}{\dfrac{AA'}{AB'}} = \frac{BB'}{AA'} = \frac{v_1 t}{v_2 t} = \frac{v_1}{v_2} = n_{12} \text{ （一定）}$$

例題研究　波の屈折

ある波の，媒質Ⅰと媒質Ⅱを伝わるときの速さは，それぞれ30m/s，20m/sであり，媒質Ⅰの中における波長は6mであるという。次の問いに答えよ。

(1) 媒質Ⅰに対する媒質Ⅱの屈折率はいくらか。
(2) 媒質Ⅰおよび媒質Ⅱの中における振動数は，それぞれいくらか。
(3) 媒質Ⅱの中における波長はいくらか。

解 (1) $n_{12} = \dfrac{v_1}{v_2} = \dfrac{30}{20} = 1.5$

(2) 波が屈折しても，振動数は変化しないから，媒質Ⅰと媒質Ⅱの中における振動数は等しい。$v_1 = f\lambda_1$ であるから，$f = \dfrac{v_1}{\lambda_1} = \dfrac{30}{6} = 5$〔Hz〕

(3) $\dfrac{v_1}{v_2} = \dfrac{\lambda_1}{\lambda_2}$ から，$\lambda_2 = \lambda_1 \cdot \dfrac{v_2}{v_1} = 6 \times \dfrac{20}{30} = 4$〔m〕

答 (1) **1.5**　(2) どちらの場合も **5Hz**　(3) **4m**

例題研究　波の屈折

図は，媒質ⅠをB→Cの方向に伝わる平面波の波面ABが，媒質Ⅱとの境界面MNに入射したところを示している。媒質Ⅰと媒質Ⅱを伝わる波の速さを，それぞれ v_1, v_2 とするとき，$\dfrac{v_2}{v_1} = \dfrac{1}{2}$ で，入射角は60°として，次の問いに答えよ。

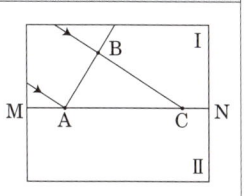

(1) A点での屈折波の進行方向を，ホイヘンスの原理を用いて作図によって求めよ。
(2) 屈折角を r とするとき，$\sin r$ の値はいくらか。

解 (1) 点Bから出た球面波が，時間 t の後，点Cに達したものとすれば，この間に点Aから出た球面波は，半径 $v_2 t$ の球面まで広がっている。

$\dfrac{v_2 t}{\text{BC}} = \dfrac{v_2 t}{v_1 t} = \dfrac{1}{2}$ から，$v_2 t = \dfrac{1}{2}\text{BC}$

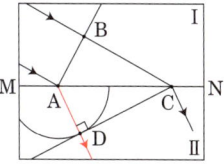

そこで，点Aを中心として半径 $\dfrac{1}{2}\text{BC}$ の円をかき，点Cからこの円に接線CDをひくと，直線CDが，点Bから出た球面波が点Cに達した瞬間の波面となる。

よって，点Aから直線CDに垂線ADをひくと，A→Dが進行方向となる。

(2) $\dfrac{\sin i}{\sin r} = \dfrac{v_1}{v_2}$ から，$\sin r = \dfrac{v_2}{v_1} \sin i = \dfrac{1}{2} \times \sin 60° = \dfrac{1}{2} \times \dfrac{\sqrt{3}}{2} \fallingdotseq 0.433$

答 (1) 上図　(2) **0.433**

要点チェック

↓答えられたらマーク　　　　　　　　　　　　　　　　　　　わからなければ ⮕

*☐ **1** 単振動している物体の速さが最も速くなる場所はどこか。　　p.73 要点

*☐ **2** 単振動している物体の速さが0になる場所はどこか。　　p.73 要点

☐ **3** 波の波長について説明せよ。　　p.74

☐ **4** 波の振幅について述べよ。　　p.74

☐ **5** 媒質が周期0.2sで振動しているとき、波の振動数はいくらか。　　p.74

☐ **6** 振動数400Hz、波長0.85mの波の伝わる速さを求めよ。　　p.75 要点

☐ **7** 縦波を横波のように表す方法を述べよ。　　p.76

☐ **8** $y = \dfrac{1}{10} \sin 2\pi(10t - 5x)$ で表される波の伝わる速さを求めよ。　　p.79

☐ **9** 図のように三角波が重なっているときの合成波を図に実線で示せ。　　p.81

☐ **10** 定常波の腹から隣の腹までの距離が0.35mである。この定常波の波長を求めよ。　　p.82

☐ **11** 振幅が0.12mの進行波とその逆向きに伝わる進行波がつくる定常波の振幅を求めよ。　　p.82

☐ **12** 波長が0.40mで位相の等しい波を出している波源A, Bからの距離が、それぞれ1.0m、1.2mの点Pがある。点Pでは干渉によって、波が強め合うか弱め合うか。　　p.84 要点

*☐ **13** 回折はすきまの間隔が広い場合と狭い場合とでは、どちらのほうが陰の部分に大きく回り込むことができるか。　　p.88

*☐ **14** 入射角30°で入射した波の反射角を求めよ。　　p.89 要点

*☐ **15** 波の伝わる速さが0.48m/sの媒質Ⅰと波の伝わる速さが0.40m/sの媒質Ⅱがある。媒質Ⅰに対する媒質Ⅱの屈折率を求めよ。　　p.90 要点

答

1 振動の中心（変位0の場所），**2** 変位が最大になる場所，**3** 山から山までの距離（位相が等しい2点間の距離），**4** 変位の最大値，**5** 5.0Hz，**6** 340m/s，**7** x軸の正の変位はy軸の正方向に、x軸の負の変位はy軸の負方向に置き換えて波形を描く，**8** 2.0m/s，**9** 右図，**10** 0.70m，**11** 0.24m，**12** 弱め合う，**13** 狭い場合，**14** 30°，**15** 1.2

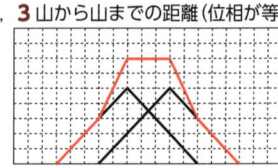

5章 練習問題

解答→p.162

1 空気中を正弦波で表される音波がx軸の正の向きに進行している。図は、波がくる前のつりあいの状態での空気の位置x[m]とその位置での空気の変位y[m]との関係を表しており、x軸の正の向きの変位がy軸の正の向きにとられている。

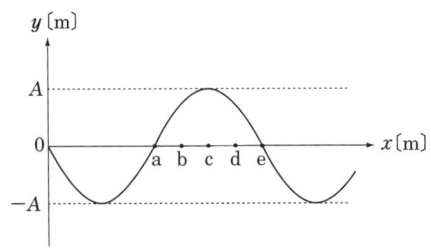

(1) 空気の密度が最大である位置を図のa, b, c, d, eから選べ。
(2) 空気の密度が最小である位置を図のa, b, c, d, eから選べ。
(3) 空気の速さが0である位置を図のa, b, c, d, eから選べ。

2 弦がx軸に沿って置かれている。x軸上の1点Oを原点とし、右方を正の向きとする。x軸に垂直なy軸方向は、弦の横振動の変位を表す。弦の左側に振動発生器を取りつけ、弦を一定の振幅で周期的に振動させると、波はx軸の正の向きに伝わった。弦を伝わる波は、時刻$t=0$sで下の図の実線のような波形を示した。また、時刻$t=0.9$sでは破線で示すような波形になって、その間に、波の山PはP′に進んだ。波は正弦波として、あとの問いに答えよ。

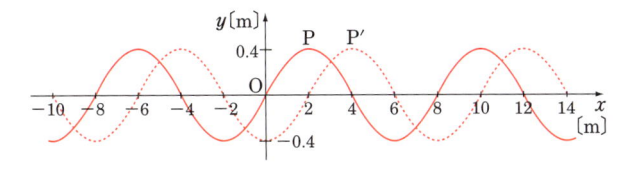

(1) この波の、(a)波長、(b)周期、(c)弦を伝わる波の速さ、を求めよ。

HINT **1** (1)(2) 横波表示の変位を縦波に直す。
(3) 振動の速さは、最大変位になったときその速さが0になる。

(2) 実線で示す波の原点 O から右方 x [m] 離れた点の変位 y [m] を，t と x の関数として表せ。ただし，(1)で求めた数値などを用いよ。

(3) 実線で示す波の時刻 t [s] と原点 O における変位 y [m] との関係を，
$$0s \leq t \leq 5.0s$$
の範囲で右図にかけ。

3 x 軸の正の向きに進む振動数 0.25Hz の正弦波がある。図は時刻 $t = 0\text{s}$ における媒質の位置座標 x と変位 y の関係を表している。

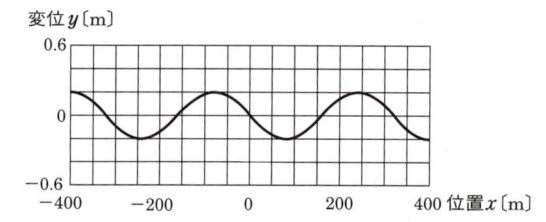

$t = 10\text{s}$ のとき，$x = 400\text{m}$ の位置に，x 軸と垂直に反射板を置いた。しばらくすると，反射板の位置が節となる定常波が見られるようになった。図に示された範囲($-400\text{m} \leq x \leq 400\text{m}$)における媒質の動きに注目して，以下の問いに答えよ。

(1) $t = 26\text{s}$ における入射波と反射波を図示せよ。

(2) 定常波の腹の位置を図に示された範囲内($-400\text{m} \leq x \leq 400\text{m}$)ですべて求め，$x$ の値で答えよ。

(3) 反射板($x = 400\text{m}$)に最も近い腹の位置において，媒質はどのような振動をするか。その位置における変位 y を，時刻 $26\text{s} \leq t \leq 30\text{s}$ について図示せよ。

HINT

2 (2) 原点 O の変位 y は，$y = -A \sin 2\pi \dfrac{t}{T}$ である。

(3) 原点 O の媒質は $t = 0\text{s}$ から $t = 0.9\text{s}$ までは y の負の方向に動く。

3 (1) 周期は 4s なので 26s 間で 6.5 波長分伝わる。

(2) 節の位置から隣の腹までは $\dfrac{\lambda}{4}$ である。腹と腹の間隔は $\dfrac{\lambda}{2}$ である。

(3) 腹の位置の振幅は $2A = 0.4\text{m}$，振動数は入射波の振動数と同じ。

4 2個の小球 S_1, S_2 を離して水面に置き,上下に同位相で振動させ,振幅,波長,速さが等しい波を送り出した。図は,波の干渉を考慮しない場合の,S_1, S_2 から出た波のようすを描いたもので,それぞれの波源から広がる波のある時刻での山の点を連ねた曲線(実線)と谷の点を連ねた曲線(点線)が表されている。

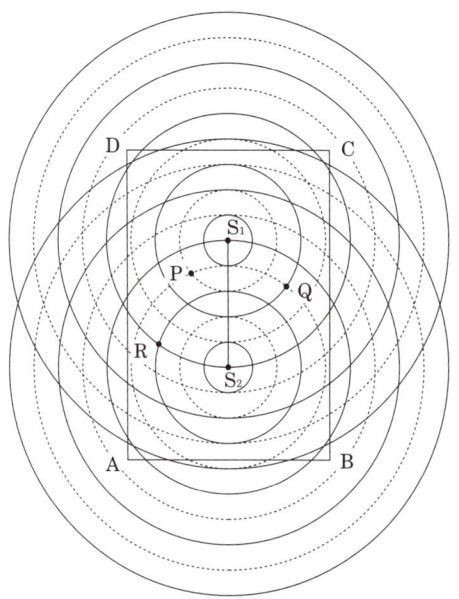

(1) S_1, S_2 から進んできた2つの波が互いに強め合い,水面が大きく振動するのは,図の中の P,Q,R のいずれか。
(2) 2つの波源から進んできた波が同位相で強め合う点を連ねた曲線を腹線と呼ぶ。図の中に現れる腹線の本数を求めよ。また,図の長方形 ABCD の中に現れる腹線をすべて描け。

HINT **4** (1) 強め合うのは,山と山,または谷と谷が重なる場所である。
(2) S_1 と S_2 を結ぶ直線上には定常波ができる。この定常波をもとに考えよ。

26 音波とその伝わり方

1 音波の速さ 重要

1｜音波 発音体が振動すると，それに接している空気を周期的に圧縮したり，膨張させたりするので，空気の密度が周期的に変化し，その変化が縦波として周囲に伝わっていく。音波は，このようにして空気中を伝わる。したがって，真空中では，音波は伝わらない。

2｜音波の速さ 空気中を伝わる音波の速さは，気温によって変化し，t〔℃〕のときの音波の速さ V〔m/s〕は，次の式で与えられる。

$$V = 331.5 + 0.6t$$

> **要点** 気温 t〔℃〕の空気中を伝わる音波の速さ（音速）V〔m/s〕
> $$V = 331.5 + 0.6t$$

3｜大気中での音波の伝わり方

昼間の場合は，一般的には高度が上がるにつれて気温が下がるので，上空ほど音の伝わる速さが遅くなる。そのため，地上で発せられた音波は，図のように上空のほうに曲げられる。

夜間の場合は，地面の温度が下がるため，地面付近の気温が下がり，上空のほうが温度が高くなって，逆転層を形成する場合が多い。そのため，上空のほうが音の伝わる速さが速くなるので，図のように地面のほうに戻るように曲げられる。夜のほうが，遠くの音がよく聞こえるのは，音波がこのように屈折するためである。

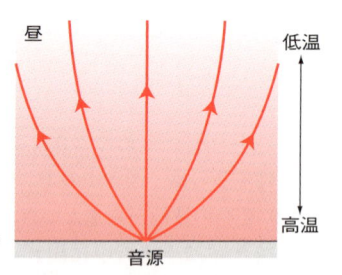

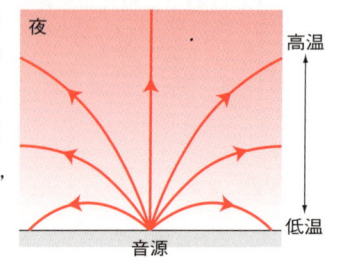

6章 音波

2 音の三要素 重要

強さ，高さ，音色を 音の三要素 という。

1│ 音の強さ　音の強さは，音波の進行方向に垂直な単位面積を通して，単位時間に運ばれる音波のエネルギーで表す。音の強さは，音波の振幅の2乗と振動数の2乗に比例する。

2│ 音の高さ　音の高さは，音波の振動数の大小による。人がふつう聞くことができる音波の振動数は，およそ 20〜20000Hz である。

3│ 音色　同じ高さ，同じ強さの音でも，楽器が異なると感じが違う。この違いを 音色 という。音色の違いは，音波の波形の違いによる。

3 うなり 重要

振動数がわずかに異なる2つのおんさを同時に鳴らすと，音の強さが周期的に変化する。この現象を うなり という。

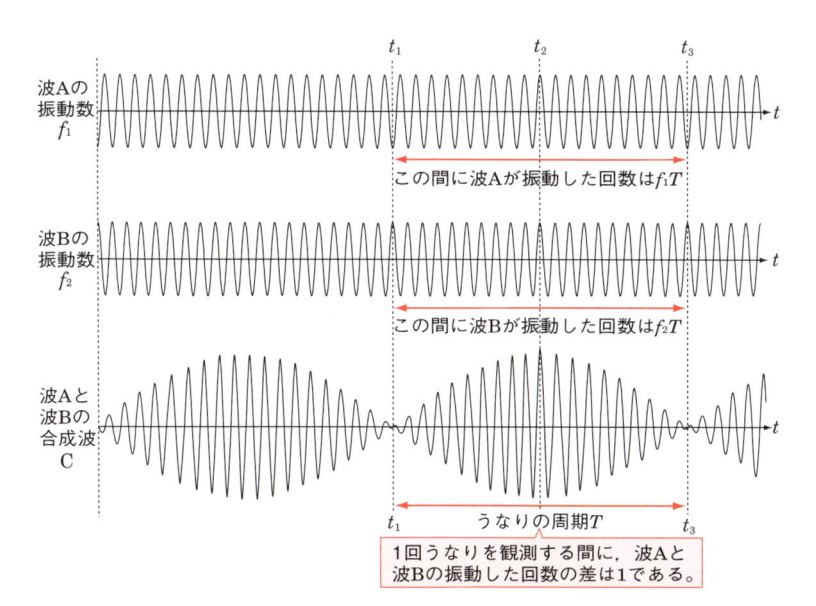

波Aの振動数 f_1

この間に波Aが振動した回数は $f_1 T$

波Bの振動数 f_2

この間に波Bが振動した回数は $f_2 T$

波Aと波Bの合成波 C

うなりの周期 T

1回うなりを観測する間に，波Aと波Bの振動した回数の差は1である。

前ページの図は，振動数 f_1 の音波 A と，これに近い振動数 f_2 の音波 B をある点で同時に聞いたときの変位の時間的変化を示したものである。

この2つの音波の合成波は C のようになる。この合成波を見ると，2つの音波が重なりあって，振幅がゆるやかに変化し，2つの音波が互いに強め合ったり，弱め合ったりしていることがわかる。最も弱め合う瞬間は，時刻 t_1 と t_3 のときで，このときは，2つの音波の位相が π だけずれて山と谷とが重なる。逆に，最も強め合う瞬間は，時刻 t_2 のときで，このときは，2つの音波の位相が等しく，山と山が重なっている。

時刻 t_1 と t_3 の間の時間

$$T(=t_3-t_1)$$

を**うなりの周期**という。

時間 T の間の A，B それぞれの波の振動回数，すなわち，f_1T と f_2T の差はちょうど1回であるから，

$$|f_1T - f_2T| = 1$$

の関係が成り立つ。

> **ココに注目！**
> 時間 T の間に，A は f_1T 回，B は f_2T 回振動する。

したがって，2つの音波は時間 T ごとに1回ずつの割合で強め合うことになるから，単位時間あたりのうなりの回数 N は，次のように表される。

$$N = \frac{1}{T} = |f_1 - f_2|$$

> **ココに注目！**
> うなりの回数 N は，うなりの周期 T の逆数に等しい。

すなわち，うなりの回数は，2つの音波の振動数の差に等しい。

要点

うなりの回数 N

$$N = |f_1 - f_2|$$

うなりの回数は，2つの音波の
 振動数 f_1〔Hz〕，f_2〔Hz〕の差
に等しい。

例題研究　音波の波長

振動数 500Hz の音波が，気温 20℃の屋内から，0℃の屋外に出ると，その波長はいくら変化するか。

解　気温が 20℃のときと 0℃のときの音速を，それぞれ V_1, V_2 [m/s] とすると，

$$V_1 = 331.5 + 0.6 \times 20 = 343.5$$
$$V_2 = 331.5 + 0.6 \times 0 = 331.5$$

また，気温が 20℃のときと 0℃のときの波長を，それぞれ λ_1, λ_2 [m] とすると，

$$\lambda_1 = \frac{V_1}{f} = \frac{343.5}{500} = 0.687$$

$$\lambda_2 = \frac{V_2}{f} = \frac{331.5}{500} = 0.663$$

よって，$\lambda_1 - \lambda_2 = 0.687 - 0.663 = 0.024$ [m]

答　0.024m 短くなる。

例題研究　うなり

A，B，C 3つのおんさがある。A の振動数は 400Hz であり，B の振動数は A のそれより少し小さい。A，B を同時に鳴らすと，1秒間に 2回のうなりが聞こえた。また，A，C を同時に鳴らすと，1秒間に 1回のうなりが聞こえ，B，C を同時に鳴らすと，1秒間に 3回のうなりが聞こえた。C の振動数は何 Hz か。

解　B，C の振動数を，それぞれ f_B, f_C [Hz] とすると，題意により，

$$400 - f_B = 2$$

よって，$f_B = 398$Hz

また，$|400 - f_C| = 1$

これから，

　　　$f_C = 401$Hz　または　399Hz　………①

さらに，$|398 - f_C| = 3$

これから，

　　　$f_C = 401$Hz　または　395Hz　………②

f_C は，①，②をともに満足する値でなければならないから，

　　　$f_C = 401$Hz

答　401Hz

27 弦の振動

1 弦を伝わる波の速さ

単位長さ(**1m**)あたりの質量を**線密度**と呼ぶ。線密度 ρ 〔kg/m〕,張力 S〔N〕の弦を伝わる波の速さ v〔m/s〕は,

$$v = \sqrt{\frac{S}{\rho}}$$

2 弦の固有振動 重要

1｜弦の固有振動 弦を振動させると,両端を節とする定常波ができる。このような弦の振動を**弦の固有振動**という。

2｜弦の固有振動の波長 長さ L〔m〕の弦に生じる定常波の腹の数が n のとき,定常波の波長 λ_n〔m〕は,

$$\lambda_n = \frac{2L}{n}$$

ココに注目！
節から節の距離が半波長
↓
腹の数を求めよ。

腹の数	波長
1	$2 \times \frac{L}{1} = \frac{2L}{1} (=2L)$
2	$2 \times \frac{L}{2} = \frac{2L}{2} (=L)$
3	$2 \times \frac{L}{3} = \frac{2L}{3}$
4	$2 \times \frac{L}{4} = \frac{2L}{4} \left(=\frac{L}{2}\right)$
⋮	⋮
n	$2 \times \frac{L}{n} = \frac{2L}{n}$

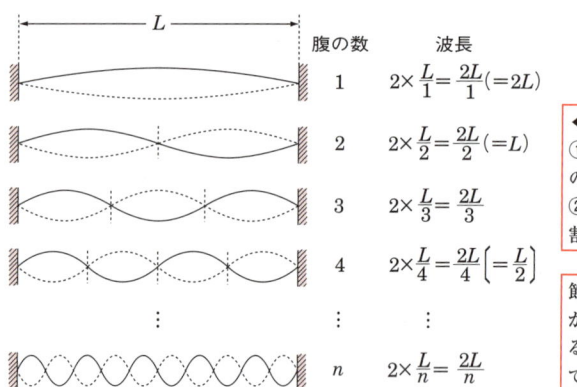

◀波長の求め方
①腹(節から節まで)の数 n を求める。
②弦の長さ L を n で割り,2倍する。

節から節までの距離が半波長になっていることが,もとになっている。

3｜弦の固有振動数 n 倍振動をしている弦の固有振動数 f_n〔Hz〕は,

$$f_n = \frac{v}{\lambda_n} = \frac{n}{2L}\sqrt{\frac{S}{\rho}} = nf_1$$

→基本振動の振動数

n 倍振動の振動数は,基本振動の振動数 f_1 の n 倍である。

6章 音波

固有振動数

$f_1 = \dfrac{v}{\lambda_1} = \dfrac{v}{2L} = \dfrac{1}{2L}\sqrt{\dfrac{S}{\rho}}$ ……→ 基本振動

$f_2 = \dfrac{v}{\lambda_2} = \dfrac{v}{L} = 2\times\dfrac{1}{2L}\sqrt{\dfrac{S}{\rho}} = 2f_1$ 基本振動の振動数 f_1 の2倍 →2倍振動

$f_3 = \dfrac{v}{\lambda_3} = \dfrac{3v}{2L} = 3\times\dfrac{1}{2L}\sqrt{\dfrac{S}{\rho}} = 3f_1$ 基本振動の振動数 f_1 の3倍 →3倍振動

$f_4 = \dfrac{v}{\lambda_4} = \dfrac{2v}{L} = 4\times\dfrac{1}{2L}\sqrt{\dfrac{S}{\rho}} = 4f_1$ 基本振動の振動数 f_1 の4倍 →4倍振動

$f_n = \dfrac{v}{\lambda_n} = \dfrac{nv}{2L} = n\times\dfrac{1}{2L}\sqrt{\dfrac{S}{\rho}} = nf_1$ 基本振動の振動数 f_1 のn倍 →n倍振動

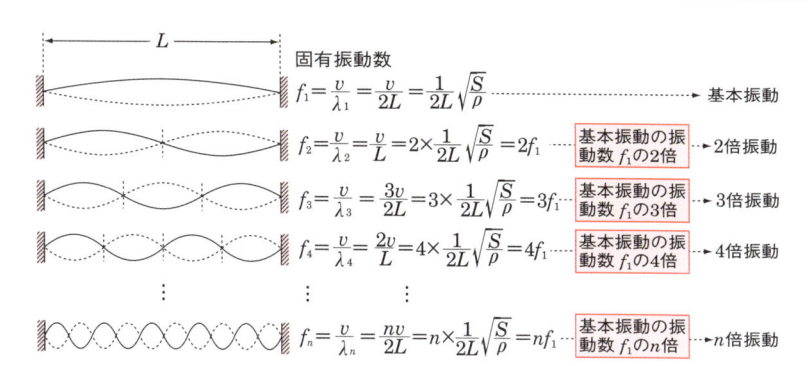

> **要点** 弦の固有振動数 $f_n\,[\mathrm{Hz}]$ は,
>
> $$f_n = \dfrac{v}{\lambda_n} = \dfrac{n}{2L}\sqrt{\dfrac{S}{\rho}} = nf_1$$

例題研究 弦の3倍振動

図のように,線密度 $2.5\times10^{-4}\,\mathrm{kg/m}$ の弦の一端を固定し,他端に質量 $0.50\,\mathrm{kg}$ のおもりをつるす。この弦の振動部分の長さを $0.60\,\mathrm{m}$ にして弦をはじいたら,弦に3倍振動の形の定常波ができた。次の問いに答えよ。

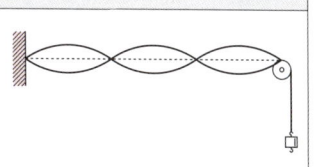

(1) 弦を伝わる波の速さはいくらか。
(2) 弦を伝わる波の波長はいくらか。
(3) 弦の振動数はいくらか。

解 (1) $v = \sqrt{\dfrac{S}{\rho}} = \sqrt{\dfrac{0.50\times9.8}{2.5\times10^{-4}}} = 140\,[\mathrm{m/s}]$

(2) $\lambda = 2\times\dfrac{L}{3} = 2\times\dfrac{0.60}{3} = 0.40\,[\mathrm{m}]$

(3) $v = f\lambda$ より,

$f = \dfrac{v}{\lambda} = \dfrac{140}{0.40} = 350\,[\mathrm{Hz}]$

答 (1) **140m/s**　(2) **0.40m**　(3) **350Hz**

28 気柱の振動

1 気柱の固有振動 重要

1 開管内の気柱の固有振動
開管内の空気を振動させると、両端を腹とする定常波ができる。

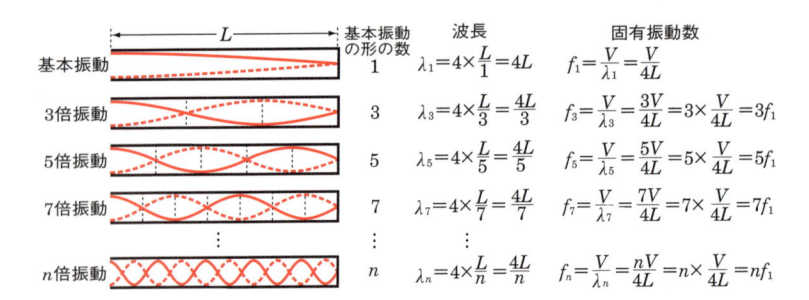

a) 開管の固有振動の波長 長さ L〔m〕の開管に生じる定常波の節の数が n のとき、定常波の波長 λ_n〔m〕は、 $\lambda_n = \dfrac{2L}{n}$

ココに注目！
腹から腹の距離が半波長
↓
節の数を求めよ。

b) 開管の固有振動数 n 倍振動をしている開管の固有振動数 f_n〔Hz〕は、次のようになる。

要点

$$f_n = \frac{V}{\lambda_n} = \frac{nV}{2L} = nf_1 \quad (V は音速)$$

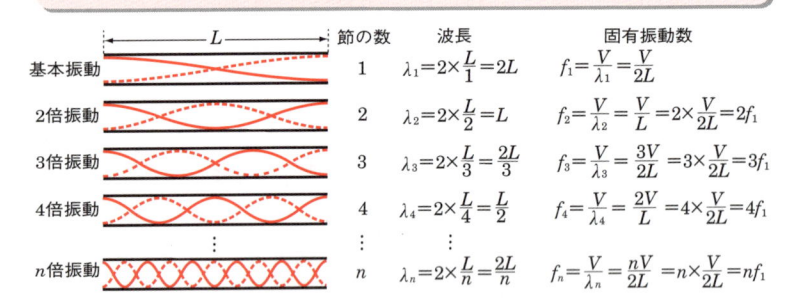

	節の数	波長	固有振動数
基本振動	1	$\lambda_1 = 2 \times \dfrac{L}{1} = 2L$	$f_1 = \dfrac{V}{\lambda_1} = \dfrac{V}{2L}$
2倍振動	2	$\lambda_2 = 2 \times \dfrac{L}{2} = L$	$f_2 = \dfrac{V}{\lambda_2} = \dfrac{V}{L} = 2 \times \dfrac{V}{2L} = 2f_1$
3倍振動	3	$\lambda_3 = 2 \times \dfrac{L}{3} = \dfrac{2L}{3}$	$f_3 = \dfrac{V}{\lambda_3} = \dfrac{3V}{2L} = 3 \times \dfrac{V}{2L} = 3f_1$
4倍振動	4	$\lambda_4 = 2 \times \dfrac{L}{4} = \dfrac{L}{2}$	$f_4 = \dfrac{V}{\lambda_4} = \dfrac{2V}{L} = 4 \times \dfrac{V}{2L} = 4f_1$
n倍振動	n	$\lambda_n = 2 \times \dfrac{L}{n} = \dfrac{2L}{n}$	$f_n = \dfrac{V}{\lambda_n} = \dfrac{nV}{2L} = n \times \dfrac{V}{2L} = nf_1$

2 閉管内の気柱の固有振動
閉管内の空気を振動させると、閉端を節、開端を腹とする定常波になる。ここでは $n = 1, 3, 5, \cdots$ と奇数をとる。
（←一端が閉じて他端が開いている管）

	基本振動の形の数	波長	固有振動数
基本振動	1	$\lambda_1 = 4 \times \dfrac{L}{1} = 4L$	$f_1 = \dfrac{V}{\lambda_1} = \dfrac{V}{4L}$
3倍振動	3	$\lambda_3 = 4 \times \dfrac{L}{3} = \dfrac{4L}{3}$	$f_3 = \dfrac{V}{\lambda_3} = \dfrac{3V}{4L} = 3 \times \dfrac{V}{4L} = 3f_1$
5倍振動	5	$\lambda_5 = 4 \times \dfrac{L}{5} = \dfrac{4L}{5}$	$f_5 = \dfrac{V}{\lambda_5} = \dfrac{5V}{4L} = 5 \times \dfrac{V}{4L} = 5f_1$
7倍振動	7	$\lambda_7 = 4 \times \dfrac{L}{7} = \dfrac{4L}{7}$	$f_7 = \dfrac{V}{\lambda_7} = \dfrac{7V}{4L} = 7 \times \dfrac{V}{4L} = 7f_1$
n倍振動	n	$\lambda_n = 4 \times \dfrac{L}{n} = \dfrac{4L}{n}$	$f_n = \dfrac{V}{\lambda_n} = \dfrac{nV}{4L} = n \times \dfrac{V}{4L} = nf_1$

a) **閉管の固有振動の波長**　長さ L〔m〕の閉管に生じる定常波の基本振動の形の数が n のとき，定常波の波長 λ_n〔m〕は，$\lambda_n = \dfrac{4L}{n}$

b) **閉管の固有振動数**　n 倍振動をしている弦の固有振動数 f_n〔Hz〕は，次のようになる。

> **要点**
> $$f_n = \dfrac{V}{\lambda_n} = \dfrac{nV}{4L} = nf_1 \quad (n = 1, 3, 5, \cdots)$$

2 管内の気柱の密度と圧力分布

管内の気柱の密度と圧力は，節の位置では激しく変化するが，腹の位置ではほとんど変化しない。

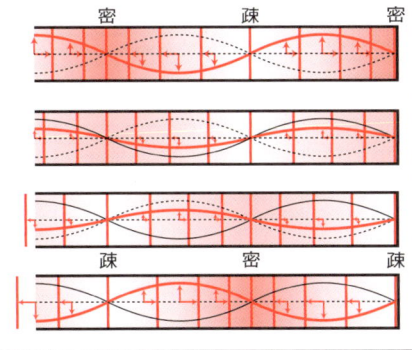

- 赤色の波形は瞬間における波形を表している。
- 定常波の節の部分は密度変化が大きい。
- 定常波の腹の部分はほとんど密度変化がない。

例題研究　閉管の3倍振動

図のように，長さ0.51mの閉管内の気柱が3倍振動をしている。音速を340m/sとし，開口端は定常波の腹になっているものとして，次の問いに答えよ。

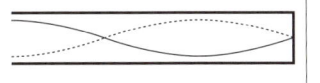

(1) この気柱の振動数はいくらか。

(2) 管内空気の圧力の変化が最大のところはどこか。開口端からの距離で答えよ。

解　(1) この定常波を生じている音波の波長を λ〔m〕とすると，

$$0.51 = 3 \times \dfrac{\lambda}{4} \text{ より，} \lambda = 0.68 \qquad \text{よって，} f = \dfrac{V}{\lambda} = \dfrac{340}{0.68} = 500 \text{〔Hz〕}$$

(2) 密度変化の大きい位置が圧力の変化も大きい。密度変化の大きい位置は節の位置である。節の位置は管口から $\dfrac{1}{3}$ の位置と閉端であるから，

$$0.51 \div 3 = 0.17 \text{〔m〕 と閉端までの距離 0.51m である。}$$

答　(1) **500Hz**　(2) **0.17m, 0.51m**

29 共振・共鳴

1 共鳴(共振)

振動している物体に、その物体の固有振動数に合わせて、速度と同じ向きの力を外から加えると、その物体の振幅がしだいに大きくなる。これは、外から加えた力が、物体に対してつねに正の仕事をするため、物体の運動エネルギーがしだいに増加するからである。この現象を**共鳴**、または**共振**という。

2 弦の共振 重要

図のように、電磁おんさの一方の脚の先端につけた軽い糸を滑車にかけて、糸の先端におもりをつるす。

(a)
電磁おんさ

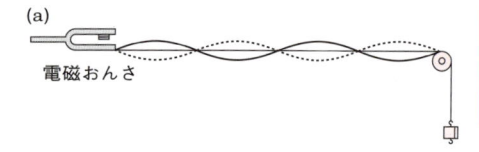

> 電磁おんさの振動数がfのとき、弦に生じる定常波の振動数もfになる。

(b)

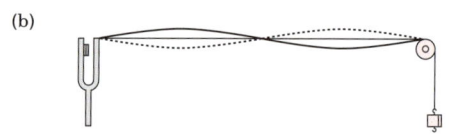

> 電磁おんさの振動数がfのとき、弦に生じる定常波の振動数は$\frac{f}{2}$になる。

▲電磁おんさを横にした場合と縦にした場合とでは、弦の振動数が異なる。

ココに注目!
おんさの向きによって、弦に生じる定常波の振動数が変わる。

電磁おんさを振動させても、この弦の固有振動数とおんさの振動数が一致していなければ、弦はほとんど振動しないが、おもりの質量を変えたり、弦の長さを変えたりして、弦の固有振動数を徐々に変えていくと、ときどき、弦が数区に分かれて大きく振動するようになる。これは弦の固有振動数とおんさの振動数が一致するとき、弦に共振が起こるからである。

3 気柱の共鳴 重要

図は，気柱共鳴の実験装置である。水を入れた長いガラス管Aの上でおんさを鳴らし，水槽を下げてAの水面を少しずつ下げる。水面が適当なところにくると，急に音が大きく聞こえるようになる。これは**気柱の固有振動数とおんさの固有振動数が一致したとき，気柱に共鳴が起こる**からである。

水面をAの上端から徐々に下げていって，第1の共鳴が起こるときの気柱の長さを l_1，第2の共鳴が起こるときの気柱の長さを l_2 とすると，気柱にできた定常波の波長，すなわち，音波の波長 λ は，次の式で与えられる。

$$l_2 - l_1 = \frac{\lambda}{2} \rightarrow \boldsymbol{\lambda = 2(l_2 - l_1)}$$

←波長が長さの差の2倍に等しい

これにより，音波の速さVがわかれば，おんさの振動数が求められる。

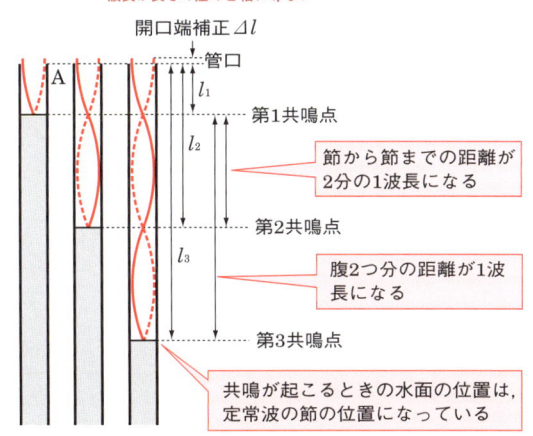

- 開口端補正 Δl
- 管口
- 第1共鳴点 … l_1
- 第2共鳴点 … l_2（節から節までの距離が2分の1波長になる）
- 第3共鳴点 … l_3（腹2つ分の距離が1波長になる）
- 共鳴が起こるときの水面の位置は，定常波の節の位置になっている

> **要点** 弦や気柱の共鳴現象は，弦や気柱の**固有振動数**がおんさの振動数と一致したときに起こる。

4 開口端補正

開口端の腹の位置は，実際には開口端より少し外側のところにあり，開口端から腹までの距離 Δl を**開口端補正**という。実験によると，管の半径を r とするとき $\boldsymbol{\Delta l ≒ 0.6r}$ となる。

ココに注目！
$l_1 + \Delta l = \frac{\lambda}{4}$ なので，
$\Delta l = \frac{\lambda}{4} - l_1$
である。

例題研究　弦の共振

図のようにおんさの一方の脚の先端につけた軽い糸を滑車にかけて，その先端におもりをつるし，おんさを振動させておく。おもりの質量を64gにすると，この弦は数区に分かれて大きく振動した。次に，おもりの質量を36g増やすと，前より振動の区数が1つ減って，弦は再び大きく振動した。さらに，おもりの質量を36g増やしたまま，滑車をおんさから遠ざけて，弦の長さを40cm増やすと，区数が最初の数に戻って，弦は大きく振動した。

(1) 初めの弦の長さはいくらか。　　(2) 初めの区数はいくらか。

解　おんさの振動数を f_0 [Hz]，弦の長さと区数をそれぞれ l [m]，m，質量64gのおもりをつるしたときと，弦の長さを変えないでおもりの質量を増やしたとき，および，弦の長さを増やしたときの弦の振動数を，それぞれ f_1, f_2, f_3 [Hz]とする。弦が大きく振動するための条件は，$f_1=f_2=f_3=f_0$ であるから，

$$\frac{m}{2l}\sqrt{\frac{64\times 10^{-3}\times g}{\rho}} = \frac{m-1}{2l}\sqrt{\frac{(64+36)\times 10^{-3}\times g}{\rho}}$$

より，$8m=10(m-1)$　　よって，$m=5$

$$\frac{m-1}{2l}\sqrt{\frac{(64+36)\times 10^{-3}\times g}{\rho}} = \frac{m}{2(l+0.4)}\sqrt{\frac{(64+36)\times 10^{-3}\times g}{\rho}}$$

より，$4(l+0.4)=5l$　　よって，$l=1.6$　　**答**　(1) **1.6m**　(2) **5個**

例題研究　気柱の共鳴

気柱共鳴の実験装置を用いて，気柱共鳴の実験を行ったところ，気柱の長さが17.3cmおよび53.7cmのとき共鳴が起こった。

(1) 気柱内に生じた定常波の波長はいくらか。
(2) このときの気温は20.0℃であった。おんさの振動数はいくらか。
(3) この実験における開口端補正はいくらか。

解　(1) $\frac{\lambda}{2}=53.7-17.3=36.4$ から，$\lambda=72.8\text{cm}=0.728\text{m}$

(2) 音速を V [m/s]とすると，$V=331.5+0.6\times 20=343.5$

よって，$f=\frac{V}{\lambda}=\frac{343.5}{0.728}\fallingdotseq 472$ [Hz]

(3) $\Delta x = \frac{1}{4}\lambda - 17.3 = \frac{72.8}{4} - 17.3 = 0.9$ [cm]

答　(1) **0.728m**　(2) **472Hz**　(3) **0.9cm**

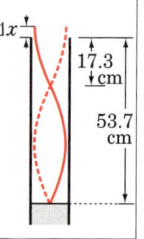

30 ドップラー効果

1 ドップラー効果 重要

1] ドップラー効果 発音体と観測者が相対的に運動しているとき,観測者が聞く音の高さ(振動数)が変化する現象を**ドップラー効果**と呼ぶ。

a) 発音体と観測者が相対的に近づく→高い音を観測
b) 発音体と観測者が相対的に遠ざかる→低い音を観測
c) 発音体と観測者との相対速度が 0 →音の高さは変わらない

観測者から見て近づく
↓
観測する音は高くなる
$f > f_0$

観測者から見て遠ざかる
↓
観測する音は低くなる
$f < f_0$

観測者と音源が同じ速度
↓
観測する音は変わらない
$f = f_0$

2] ドップラー効果の式 観測者が聞く音の振動数を f [Hz]とする。

$$f = \frac{V-u}{V-v} f_0$$

↳この式は図をかいて用いるとよい

ここで,
V [m/s]は音速,
v [m/s]は音源の速度,
u [m/s]は観測者の速度,
f_0 [Hz]は音源の振動数
を表す。

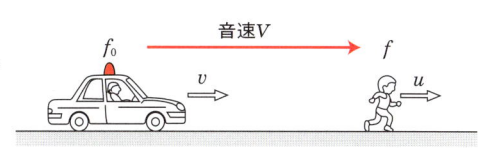

音は,音源から観測者に伝わる。この向きにすべての矢印を描いたとき観測者が聞く音の振動数 f は,
$$f = \frac{V-u}{V-v} f_0$$

【式の利用】観測者の運動が逆向きの場合は，

$$f = \frac{V-(-u)}{V-v} f_0 = \frac{V+u}{V-v} f_0$$

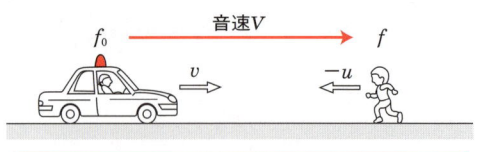

音の伝わる向きと逆向きの場合は負(−)にする。

> **要点　ドップラー効果**
>
> $$f = \frac{V-u}{V-v} f_0$$
>
> v, u の正負は音の伝わる向きを正として定める。

3 ドップラー効果の式の導出

a) 波長 λ 〔m〕を求める　波長は音源の運動のみによって決まる。観測者の運動には無関係である。

b) 音源が静止 → $\lambda = \dfrac{V}{f_0}$

c) 音源が速さ v 〔m/s〕で運動

音源の前方 → $\lambda = \dfrac{V-v}{f_0}$　　音源の後方 → $\lambda = \dfrac{V+v}{f_0}$

> **ココに注目！**
> 空間にできる音波の波長は音源の運動のみによって決まる。

音源が t 秒間速さ v で移動

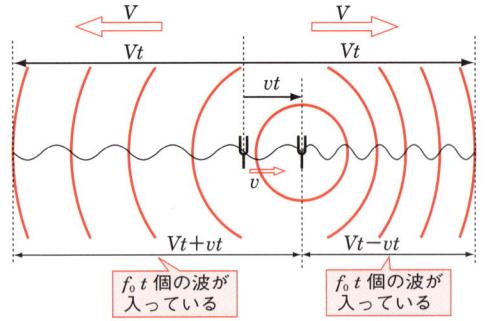

◀ 音源の前方
$(V-v)t$ の中に $f_0 t$ 個の波が入っている。
$$\lambda = \frac{V-v}{f_0}$$

◀ 音源の後方
$(V+v)t$ の中に $f_0 t$ 個の波が入っている。
$$\lambda = \frac{V+v}{f_0}$$

d) 振動数を求める　観測者を中心に考える。

観測者から見た音速を V' 〔m/s〕，波長を λ 〔m〕としたとき，観測者が聞く音の振動数 f 〔Hz〕は，

$$f = \frac{V'}{\lambda}$$

e) 観測者が静止→観測者から見た音速 $V' = V$

f) 観測者が音源に向かって速さ u [m/s] で運動→観測者から見た音速 $V' = V + u$

g) 観測者が音源と反対向きに速さ u [m/s] で運動→観測者から見た音速
$V' = V - u$

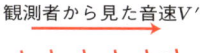

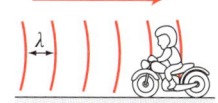

観測者が聞く音の振動数 f は，$V' = f\lambda$ の関係式から，
$$f = \frac{V'}{\lambda}$$

観測者から見た音速 V'
$V' = V + u$

観測者から見た音速 V'
$V' = V - u$

例題研究　ドップラー効果

汽車が，振動数 900Hz の汽笛を鳴らしながら，40m/s の速さで，静止している観測者に近づいている。音速を 340m/s として，次の問いに答えよ。

(1) 観測者の方向に向かう音波の波長はいくらか。
(2) 観測される音波の振動数はいくらか。

解 (1) $\lambda = \dfrac{V-v}{f_0} = \dfrac{340-40}{900} \fallingdotseq 0.33$ [m]

(2) $f = f_0 \cdot \dfrac{V-0}{V-v} = 900 \times \dfrac{340}{340-40} = 1020$ [Hz]

答 (1) **0.33m** (2) **1020Hz**

例題研究　ドップラー効果

工場から振動数 400Hz のサイレンが聞こえている。ある観測者が工場に向かって 10m/s の速さで近づいている。音速を 340m/s として，次の問いに答えよ。

(1) 観測される音波の波長はいくらか。
(2) 観測される音波の振動数はいくらか。

解 (1) 音源が静止しているから，観測者が運動しても，波長は変化しない。

$\lambda = \dfrac{V}{f_0} = \dfrac{340}{400} = 0.85$ [m]

(2) $f = f_0 \cdot \dfrac{V-u}{V-0} = 400 \times \dfrac{340-(-10)}{340} \fallingdotseq 412$ [Hz]

答 (1) **0.85m** (2) **412Hz**

要点チェック

↓ 答えられたらマーク　　　　　　　　　　　　　　　　　　　　わからなければ ⤴

- [ ] **1** 気温10℃の大気中を伝わる音波の速さを求めよ。　　　p.96 要点
- [ ] **2** 長さ0.15mの弦の基本振動における波長を求めよ。　　p.100
- [ ] **3** 長さ0.15mの弦の3倍振動における波長を求めよ。　　p.100
- [ ] **4** 弦の3倍振動の定常波の概略図を示せ。　　p.101
- [ ] **5** 長さ0.18mの開管にできる基本振動の波長を求めよ。　　p.102
- [ ] **6** 長さ0.18mの開管にできる3倍振動の波長を求めよ。　　p.102
- [ ] **7** 開管の3倍振動の定常波の概略図を示せ。　　p.102
- [ ] **8** 長さ0.18mの閉管にできる基本振動の波長を求めよ。　　p.102
- [ ] **9** 長さ0.18mの閉管にできる3倍振動の波長を求めよ。　　p.102
- [ ] **10** 閉管の3倍振動の定常波の概略図を示せ。　　p.102
- [ ] **11** 第1共鳴点での気柱の長さが0.092m,第2共鳴点での気柱の長さが0.292mであった。気柱にできた定常波の波長を求めよ。　　p.105

以下では,音速を340m/sとする。

- [ ] **12** 振動数400Hzの静止している音源がつくる音波の波長を求めよ。　　p.108
- [ ] *__13__ 振動数400Hzの音源が速さ20m/sで運動している。音源の前方にできる音波の波長を求めよ。　　p.108
- [ ] *__14__ 静止している振動数400Hzの音源に向かって速さ20m/sで近づいている観測者が聞く音の振動数を求めよ。　　p.108
- [ ] *__15__ 振動数400Hzの音源が静止している観測者に向かって,速さ20m/sで運動しているとき,観測者が聞く音の振動数を求めよ。　　p.108

答

1. 337.5m/s, **2.** 0.30m, **3.** 0.10m, **4.** 下の図1, **5.** 0.36m, **6.** 0.12m, **7.** 下の図2 **8.** 0.72m, **9.** 0.24m, **10.** 下の図3, **11.** 0.40m, **12.** 0.85m, **13.** 0.80m, **14.** 424Hz, **15.** 425Hz

図1　　　　図2　　　　図3

6章 練習問題

解答→p.164

1 図のように,管内の気柱の長さが自由に変えられるガラス管の近くで,振動数が440Hzのおんさを鳴らしながら,気柱の長さを長くしていくと,気柱の長さが18.1cmのときに共鳴して音が大きくなった。さらに,気柱の長さを長くしていくと,音は一度小さくなり,気柱の長さが56.7cmのときに再び共鳴して音が大きくなった。

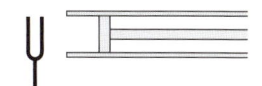

(1) おんさの発する音波の波長はいくらか。
(2) このときの音の伝わる速さはいくらか。
(3) 開口端補正はいくらか。

2 大きな壁に,人間の耳の高さで,水平方向に$2D$〔m〕だけ離れたところに穴を開け,図のように2つのスピーカーS_1とS_2をとりつける。その壁からL〔m〕だけ離れ,スピーカーと同じ高さで壁と平行な直線X_1X_2上の位置P点で音を聞く。S_1とS_2の中点を通り壁に垂直な直線がX_1X_2と交わる位置をO点とし,OP間の距離をx〔m〕とする。

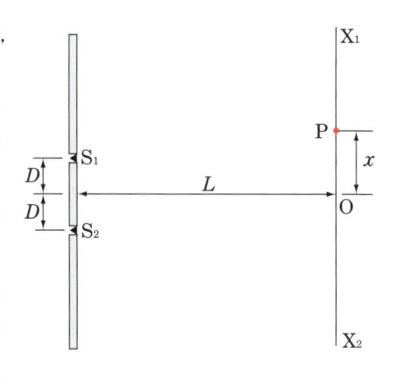

(1) S_1とS_2から同じ周波数f〔Hz〕,同じ位相,同じ振幅の音を発生させたとき,P点での振幅が1つのスピーカーから発生する音の振幅の2倍になった。そのときのx, D, L, f, vの関係を式で表せ。ただし,vは音速である。

HINT
1 (1) 共鳴は気柱の長さが半波長ごとに起こる。
2 (1) 2つの波源からの距離の差が波長の整数倍である位置では,波は強め合う。

(2) $v=340$m/s, $L=3$m, $D=2$m とし，S_1 と S_2 から周波数が $f_0=170$Hz の音を出す。O 点から X_1 の向きに移動したとき，最初に振幅が O 点と同じになる距離 x_0 を求めよ。

***3** 右の図のように，風のない空気中で，振動数 f_0〔Hz〕の音源が水平面を速さ v〔m/s〕で等速円運動をしている。同じ水平面内の，この円の外部の P 点で静止している観測者が音波の振動数を測定したところ，最低値 2000Hz と最高値 3000Hz の間で振動していた。音の伝わる速さが 340m/s であるとしたとき，音源の振動数 f_0 と音源の速さ v を求めよ。

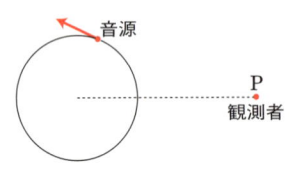

4 図のように，線密度 ρ〔kg/m〕の糸を張り，質量 M〔kg〕のおもりをつり下げた。a と b との間隔を L〔m〕とし，重力加速度の大きさを g〔m/s²〕として，以下の問いに答えよ。
(1) 糸に加わる張力の大きさはいくらか。 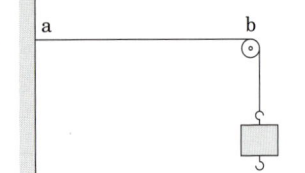
(2) 糸を伝わる波の速さはいくらか。

この糸の中央を軽くはじくと，基本振動が発生した。
(3) この振動の波長はいくらか。
(4) 振動している糸の近くに，振動数 355Hz で発信しているおんさを近づけたところ，1 秒間に 5 回のうなりを生じた。さらに，ごく軽いおもりを加えたところ，うなりの振動数はわずかに減少した。軽いおもりをつるす前の糸の振動数はいくらか。

HINT **3** 振動数は，音源が近づいてくるとき大きくなり，音源が遠ざかるとき小さくなる。

4 (4) 糸を引っ張る力が大きくなると，波の伝わる速さは大きくなるが，波長は変わらない。

* 5 音源または観測者が運動しているとき，音源が実際に出している音と観測者によって観測される音の振動数が異なることがある。この現象をドップラー効果という。下の図に示すように，スピーカーのついた速さv_A〔m/s〕で走行している車Aと，音を反射する板のついた速さv_B〔m/s〕で走行している車Bがある。車AとBは，同一直線上を図の左から右に走行している。車Aのスピーカーから発せられる振動数f_A〔Hz〕の音は，車Bの板によって反射され，車Aに戻ってくる。風はなく，音速はV〔m/s〕であるとする。v_A, v_Bは音速にくらべて小さいものとして，あとの問いに答えよ。

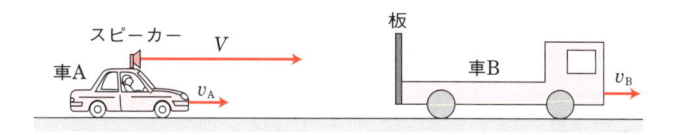

(1) 車Aと車Bの中間点で静止している観測者が，スピーカーから直接音を聞いたときの振動数f_0〔Hz〕を求めよ。
(2) 車Bの運転者に聞こえる車Aのスピーカーから発せられる音の振動数f_B〔Hz〕を求めよ。
(3) 車Aと車Bの中間点で静止している観測者が，車Bの板で反射されて戻ってきた音を聞いたときの振動数f_0'〔Hz〕を求めよ。
(4) この観測者が1秒間に観測するうなりの数は何回か。
(5) 車Aの運転者に聞こえる車Bの板で反射されて戻ってきた音の振動数f_A'〔Hz〕を求めよ。

HINT **5** (3) 車Bが振動数f_Bの音を出して速さv_Bで遠ざかっていると考える。
(4) うなりの回数は振動数の差に等しい。
(5) 反射板が振動数f_Bの音を出して遠ざかり，同時に観測者はv_Aの速さで近づいていく。

31 電流と仕事

1 ジュール熱 重要

1│ ジュールの法則 抵抗 $R(\Omega)$ の導線の両端に電圧 $V(\mathrm{V})$ をかけたとき，電流 $I(\mathrm{A})$ が流れたものとすると，時間 $t(\mathrm{s})$ の間に発生する熱量 $Q(\mathrm{J})$ は，

$$Q = VIt \qquad \cdots\cdots ①$$

となる。この関係を**ジュールの法則**といい，このとき発生する熱量を**ジュール熱**という。なお，この式は，オームの法則を用いて，次のように表すこともできる。 (→ $V=RI$)

$$Q = I^2 Rt = \frac{V^2}{R} t$$

> **要点** ジュール熱 $Q = VIt \left(= I^2 Rt = \dfrac{V^2}{R} t \right)$

2│ 電荷が失う位置エネルギーとジュール熱 電圧 $V(\mathrm{V})$ の2点間を電流 $I(\mathrm{A})$ が時間 $t(\mathrm{s})$ の間流れたものとすると，$q = It(\mathrm{C})$ の電荷がこの2点間を移動したことになる。したがって，このときこの電荷が失う電気力による位置エネルギー $W(\mathrm{J})$ は，次のようになる。

$$W = qV = VIt \qquad \cdots\cdots ②$$

②の式と①の式を比べると，**電荷が失う位置エネルギー $W(\mathrm{J})$ が，すべて熱エネルギー $Q(\mathrm{J})$ に変換されている**ことがわかる。

3│ 電場が電荷にする仕事とジュール熱 ②の式は，電場が電荷にする仕事とみなすこともできる。導線中を移動する電荷の実体は自由電子であるから，電流が流れているとき，導線中の自由電子は，電場によって加速され，運動エネルギーを得る。ところが，電子はこのエネルギーを金属イオンと衝突するたびごとに失い，電子が失ったこのエネルギーはすべて金属イオンに与えられることになる。このようにして，**電場が電子にする仕事は，金属イオンの熱振動のエネルギーに変換され，ジュール熱が発生する**ことになる。

2 電力と電力量 重要

1 電力
電流が単位時間にする仕事,すなわち,電流の仕事率を電力という。②の式より,電力 P は,次のように表される。

$$P = \frac{W}{t} = VI$$

したがって,電力の単位は,

$1\text{V}\cdot\text{A} = 1\text{J/C}\cdot\text{C/s} = 1\text{J/s} = 1\text{W}$

となるので,ワット[W]を用いる。

> **要点**
> 電力は,電圧と電流の積で表される。
> $$P = VI$$
> (単位の間の関係は[W]=[V]・[A])

2 電力量
電流がある時間内にする仕事の総量を電力量という。電力 P [W]を時間 t [s]の間使用したときの電力量 W [J]は,次のように表される。

$$W = Pt$$

電力量の単位には,Jのほかキロワット時(記号 kW·h)が用いられる。

例題研究 ジュール熱

$5.0\,\Omega$ の抵抗に,$6.0\,\text{A}$ の電流が流れている。この抵抗で1分間に発生する熱量はいくらか。

解 $Q = I^2 Rt = 6.0^2 \times 5.0 \times 60 \fallingdotseq 1.1 \times 10^4$ [J]

答 1.1×10^4 J

例題研究 電力

100V用500Wの電熱器がある。この電熱器を80Vの電源につないで使用すると,消費電力はいくらになるか。ただし,この電熱器を80Vで使用したときの抵抗値は,100Vで使用したときの抵抗値と同じであるものとする。

解 $P = VI = \dfrac{V^2}{R}$ より,$R = \dfrac{V^2}{P} = \dfrac{100^2}{500} = 20$ [Ω]

よって,$P' = \dfrac{80^2}{20} = 320$ [W]

答 320W

4編 電気

32 静電気

1 静電気

1│ 静電気 毛皮でこすったエボナイト棒や，絹布でこすったガラス棒は，軽い物体を引きつける。これは，これらの棒に電気が生じたためである。このように，物体に電気が生じているとき，その物体を**帯電している**といい，その物体を**帯電体**という。また，このときの電気は，物体の表面で静止しているので，**静電気**といわれる。

2│ 静電気力 電気には，正（プラス）と負（マイナス）の2種類があり，同種の電気は互いに**斥力**を及ぼし合い，異種の電気は互いに**引力**を及ぼし合う。静電気の間にはたらく力を**静電気力**という。

> **ココに注目！**
> 同種の電荷は反発力（斥力），異種の電荷は引力。

3│ 電気と原子 すべての物質は原子から成り立っている。原子は，正の電気を帯びた1つの**原子核**と，そのまわりに存在する負の電気を帯びたいくつかの**電子**から成り，原子全体としては電気的に中性である。（物質はふつう帯電していない）
物質が帯電するのは，物質内の電子に過不足が生じるためである。物質内の電子が不足すれば，その物質は正に帯電し，物質が電子を余分にもつと，その物質は負に帯電する。たとえば，ガラス棒を絹布でこすると，ガラス棒の電子が絹布に移り，ガラス棒は正に，絹布は負に帯電する。また，エボナイト棒を毛皮でこすると，毛皮の電子がエボナイト棒に移り，エボナイト棒は負に，毛皮は正に帯電する。

2 クーロンの法則　重要

1│ 電気量と電荷 帯電体がもつ電気の量を**電気量**，または**電荷**という。帯電体が小さくて，その大きさが無視できる場合の電荷を**点電荷**という。

2│ 電気量保存の法則 2つの帯電体がその電荷をやりとりしても，それらの帯電体と外部との間に電荷のやりとりがなければ，**2つの帯電体の電気量の代数和は一定に保たれる**。これを**電気量保存の法則**という。また，（→正負を考慮した和のこと）等量の正電気と負電気をいっしょにすると，電気量が0になり，外部に対する静電気の作用がなくなってしまう。これを**電気の中和**という。

3│クーロンの法則

クーロンは，2つの帯電体の間にはたらく静電気力の大きさを調べ，次の法則を発見した。

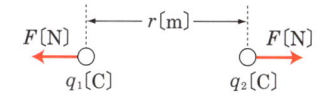

2つの点電荷の間にはたらく静電気力の大きさ F は，それぞれの点電荷がもつ電気量 q_1，q_2 の積に比例し，2つの点電荷の間の距離 r の2乗に反比例する。すなわち，$F = k\dfrac{q_1 q_2}{r^2}$ となる。ここで k は，電荷をとりまく物質によって決まる比例定数である。

4│電気量の単位

真空中で，等量の電気量をもつ2つの点電荷を1m 離して置いたとき，それらの間にはたらく静電気力が 9.0×10^9 N となるような電気量を **1クーロン**（記号 C）と決める。この決め方によると，真空中の k の値は，次のようになる。
→空気中の k の値は，真空中の k の値とほとんど同じ

$$k = 9.0 \times 10^9 \text{N} \cdot \text{m}^2/\text{C}^2$$

現在では，**1クーロン〔C〕は，1アンペア〔A〕の電流が，1秒〔s〕間に運ぶ電気量**であると定められている。

> **要点** 静電気力に関するクーロンの法則 $F = k\dfrac{q_1 q_2}{r^2}$

例題研究　クーロンの法則

真空中で，$+7.0 \times 10^{-6}$ C および -5.0×10^{-6} C の電気量をもつ2つの大きさの等しい金属球を10cm 離して置いたとき，この2つの金属球の間にはたらく静電気力の大きさはいくらか。また，この2つの金属球を接触させた後，再び10cm 離しておくと，2つの金属球の間にはたらく力の大きさは，いくらになるか。

解 $F = 9.0 \times 10^9 \times \dfrac{7.0 \times 10^{-6} \times 5.0 \times 10^{-6}}{0.10^2} \fallingdotseq 32$ 〔N〕

次に，2つの金属球を接触させると，1つの金属球の電気量は，

$$\dfrac{7.0 \times 10^{-6} + (-5.0) \times 10^{-6}}{2} = 1.0 \times 10^{-6} \text{〔C〕}$$

となるから，

$$F = 9.0 \times 10^9 \times \dfrac{1.0 \times 10^{-6} \times 1.0 \times 10^{-6}}{0.10^2} = 0.90 \text{〔N〕}$$

答 **32N，0.90N**

33 電場と静電誘導

1 電場 重要

1 電場 帯電体Aのまわりの空間に他の帯電体Bを置くと，AはBに静電気力を及ぼす。この力は，AからBに直接及ぼされているのではなく，**Aのまわりの空間が，電気的に特別な性質をもった空間に変化し，その空間がBに静電気力を及ぼす**と考えられている。このように，帯電体に静電気力を及ぼす性質をもった空間を**電場**という。
→電界ともいう

2 電荷が電場から受ける力 電場の強さが E 〔N/C〕の点に $+q$〔C〕の電荷を置いたとき，電荷が電場から受ける力の大きさ F〔N〕は，$F=qE$ となる。この力の向きは，正電荷（$q>0$）の場合は電場と同じ向きになり，負電荷（$q<0$）の場合は電場と逆向きになる。

> **要点** 電荷が電場から受ける力 $F=qE$

2 電気力線 重要

1 電気力線と電場の向き 2つの点電荷 $+Q$，$-Q$ によって生じる電場中の点Pに，+1Cの電荷を置くと，この電荷は電場の向きに静電気力を受ける。そこで，この力の向きに，電荷を少しずつ移動させていくと，**$+Q$の電荷から出て$-Q$の電荷に至る1つの曲線**ができる。このような曲線を**電気力線**という。
→接線の方向は，接点における電場の方向を表す

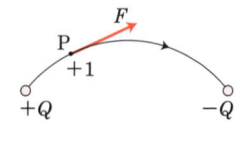

2 電気力線と電場の強さ 電気力線によって電場のようすを表すために，電場の強さが E〔N/C〕のところでは，電場の方向に垂直な断面を通る電気力線を，**$1m^2$ あたり E 本の割合でえがく**ものと約束する。こうすると，電気力線が密なところでは電場が強く，疎なところでは電場が弱い。

> **要点**
> 電気力線が**密**なところ→電場が**強い**
> 電気力線が**疎**なところ→電場が**弱い**

3 静電誘導と誘電分極

1 導体と絶縁体

a) 導体 電気をよく通す物質を**導体**という。金属は導体であるが，これは，金属中にどの原子にも属さず，自由に移動することのできる電子（**自由電子**）があり，この自由電子の移動によって電気が伝えられるからである。

b) 絶縁体 電気を通しにくい物質を**絶縁体**，または**不導体**という。ガラスやエボナイトなどは絶縁体で，これらの物質の中の電子はすべて原子や分子に束縛されていて自由に動くことができないので電気を伝えにくい。

ガラスやエボナイトは電気を伝えにくい

2 静電誘導

図のように，帯電体を導体に近づけると，導体中の自由電子が移動して，帯電体から遠い側の端には帯電体と同種の電気が現れ，帯電体に近い側の端には帯電体と異種の電気が現れる。この現象を**静電誘導**という。このとき，導体の両側に現れる正，負の電気量の絶対値は等しい。

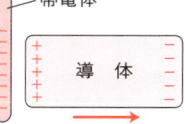

静電誘導によって生じた電場によって，外部の電場が打ち消されるため，**導体内の電場は 0 になる**。導体内の電場が 0 になると，残りの自由電子には力がはたらかなくなるので，電荷の移動は止まる。言い換えると，導体表面に現れる電荷は，**導体内の電場が 0 になるように分布する**のである。

ココに注目！
導体の表面に分布した自由電子以外にも，自由電子はたくさん存在している。

> **要点** 外部の電場の強さによって移動する自由電子の数が変わり，**導体内の電場が 0 になる**ように，導体表面に電荷が分布する。

3 はく検電器

はく検電器の金属板に帯電体を近づけると，はくが開く。図(a)のように毛皮で擦った塩ビパイプをはく検電器に近づけると，塩ビパイプは負に帯電しているため，金属板部分にあった自由電子は反発力を受け，はくの部分に移動し，はくは同種の負電荷によって反発して開く。こ

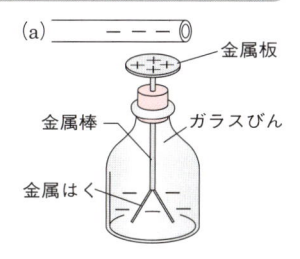

→塩化ビニル

のとき，金属板部分には正の電荷が現れ，はく検電器の金属内部の電場を0にするように分布する。塩ビパイプを金属板に近づけるほど自由電子ははくの部分に多く移動するため，反発力が強くなり，はくの開き方は大きくなる。

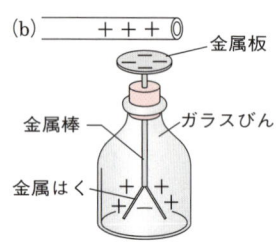

図(b)のように絹布で擦ったアクリル管をはく検電器に近づけると，アクリル管は正に帯電しているため，自由電子には引力がはたらき，金属板に引き寄せられる。そのため，**はくの部分は正に帯電し，反発力がはたらいてはくは開く。** アクリル管の場合も，アクリル管を金属板に近づけるほど自由電子は金属板の部分に多く移動するため，はくの部分の正電荷も多くなり，反発力が強くなってはくの開き方は大きくなる。

4│誘電分極 導体の場合と同様に，絶縁体の場合にも，帯電体をそれに近づけると，帯電体から遠い側の表面には帯電体と同種の電気が現れ，帯電体に近い側の表面には帯電体と異種の電気が現れる。この現象は，絶縁体における静電誘導で，**誘電分極**とも呼ばれる。また，絶縁体は誘電分極を起こすので，**誘電体**とも呼ばれる。誘電体は自由電子をもっていないので，誘電体の内部では，電子が自由に移動することができない。それにもかかわらず，誘電体に帯電体を近づけたとき，導体の静電誘導と同じような現象が起こるのは，誘電体の内部で次のような現象が起こるためである。

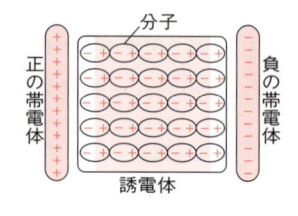

誘電体に帯電体を近づけると，誘電体を構成している個々の分子の中の電子がそれぞれ帯電体から静電気力を受けてわずかに変位し，**1つの分子の中で，正，負の電気の位置がわずかにずれた分子ができる。** そして，このような分子が，図のように，一定の方向にならぶことになる。

このとき，誘電体の表面の正の帯電体に近い側に現れる負電気と，負の帯電体に近い側に現れる正電気を除いては，誘電体の内部の1つの分子のもつ正電気と隣りの分子のもつ負電気とは互いに打ち消しあう。結局，この影響は考えなくてよい。

したがって，誘電体の表面の正負の電気だけが残ることになる。

誘電分極は，このようなしくみによって起こるので，導体の静電誘導の場合と異なり，**分極によって生じた正，負の電気を外部に取り出すことはできない。**

> **ココに注目!**
> 誘電体の内部の電場は，表面の電荷によって外部の電場よりも弱くなるが0にはならない。

例題研究　はく検電器

金属板A，金属はくBを備えたはく検電器に正電荷を与えたところ，電荷の分布は図1のようになった。
(1) この検電器に，絶縁した金属板A′を近づけたところ，図2のようにはくの開きが減少した。
  (a) A，A′，Bの電荷の分布のようすを図示せよ。
  (b) 検電器に蓄えられている全電気量は，A′を近づける前に比べてどのようになっているか。
(2) 次に，A′を接地した。はくの開きはどうなるか。理由をつけて答えよ。

解 (1) (a) 静電誘導により，A′の上面と下面には，それぞれ正電荷と負電荷が現れる。したがって，Bの正電荷は，A′に現れた正，負の電荷から斥力と引力を同時に受けることになるが，引力のほうが大きいため，Bの電荷の一部がAのほうに移動し，右図のようになる。

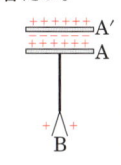

(注) 静電誘導は金属内の自由電子の移動によって起こる現象である。1個の電子のもつ電気量を$-e$としたとき，自由電子が1個移動すると，そのあとには$+e$の電気量をもつ陽イオンが1個残される。したがって，A′に現れる正電気の記号＋の数と負電気の記号－の数とは等しくしておく。

(b) Bの電荷の一部がAに移動するだけの変化であるから，検電器の全電気量は変化しない。

(2) A′を接地すると，A′の上面に現れていた正電荷が地球に逃れる。したがって，Bの正電荷はA′の下面の負電荷からの引力だけを受けることになり，Bの電荷の一部がさらにAのほうに移動するので，はくの開きはさらに小さくなる。

答 (1) (a) 上図　(b) 検電器の全電気量は変化しない。
(2) はくの開きはさらに小さくなる。

34 電流と電子

1 陰極線

1│ 陰極線 放電管の中の気圧が1Paくらいになると，＋極側のガラス壁が緑色に蛍光を発する。この現象は，放電管の－極から出て＋極に向かうものによって起こる。この－極から出ているものを**陰極線**という。

2│ 陰極線の性質

a) 放電管の＋極を十字形にしておくと，＋極のうしろのガラス壁に十字形の影ができる。これは**陰極線が－極から＋極に向かって直進する**ことを示している。

b) 放電管に別の電極を入れて電圧をかけると，陰極線は＋極側に曲がる。これは**陰極線が－の電気をもっている**ことを示している。

3│ 陰極線の正体 陰極線は電子の流れである。陰極線の性質から，電子は負の電気をもった粒子であることがわかる。

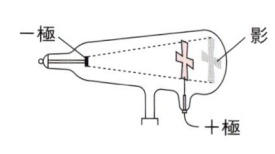

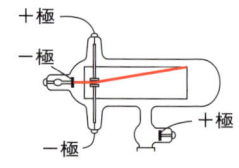

2 電 流 重要

1│ 電流 荷電粒子（電子やイオン）の流れを**電流**といい，正の荷電粒子が移動する向きを電流の向きと決める。導体内には，導体内を自由に動ける電子があり，これを**自由電子**と呼ぶ。導線を流れる電流のように，自由電子の移動によって電流が流れる場合は，**自由電子が移動する向きと逆の向きが電流の向き**となる。

> **ココに注目！**
> 正の電荷の運動方向が電流の流れる向きである。

2│ 電流の強さ 電流の強さは，導線のある断面を単位時間に通過する電気量で表す。電流の強さの単位としては，**アンペア**（記号A）が用いられ，**1Aは，1s間に1Cの割合で電荷が運ばれるときの電流の強さ**である。したがって，導線のある断面を通して，t〔s〕間に移動した電気量をQ〔C〕とし，電流の強さをI〔A〕とすると，次の関係式が得られる。

$$I = \frac{Q}{t}$$

したがって，$Q = It$ となる。

> **要点** 電流の定義　$I = \dfrac{Q}{t}$

3 電　圧 重要

1｜電源　電源は電気を送り出す装置である。
→乾電池や太陽電池，発電機などがある

電源に電球やモーターをつなぐと，電気のエネルギーを光や運動エネルギーに変えることができる。電源とは，電気的エネルギーを送り出す装置と考えることもできる。

2｜電圧　電池に豆電球やモーターをつなぐと電流が流れる。このように，電流を流そうとするはたらきを電圧という。電圧を電位差ともいい，電池の＋極は－極より電位が高く，電流は電位の高いほうから低いほうへ流れる。電位は，電気的な高さを表す量と考えてよい。

> **ココに注目！**
> 電流は，電位の高いほうから低いほうへ流れる。

例題研究　陰極線の性質

右の図は，陰極線の性質を調べる実験を示している。図を見て，次の問いに答えよ。

(1) 図の電極ア，イに高い電圧を加えると，電極イのうしろのガラス壁に十字の影ができた。電源の＋極につないであったのは，ア，イのどちらか。

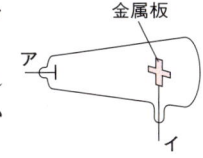

(2) 図の実験から，陰極線のどのような性質がわかるか。簡単に書け。

解 (1) 陰極線は－極から＋極に向かって進むので，十字形の影ができるためには電極アから陰極線が出ていなければならない。
よって，＋極はイである。

(2) 陰極線は金属板の後ろにはまわりこめないことがわかる。

答 (1) **イ**　(2) **陰極線は直進する。**

35 オームの法則と電気抵抗

1 オームの法則 　重要

1 オームの法則 　1つの導線を流れる電流の強さ I は，導線の両端の間の電圧 V に比例し，次の式が成り立つ。

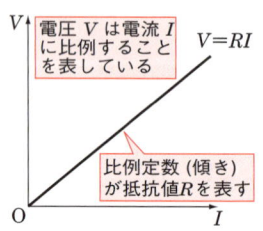

$$I=\frac{V}{R} \quad \text{または，} \quad V=RI$$

これを**オームの法則**という。

電圧 V は電流 I に比例することを表している

比例定数(傾き)が抵抗値 R を表す

R は，導線をつくっている金属の種類，導線の長さ，断面積，温度などによって決まる定数であり，**電気抵抗**，または，単に**抵抗**と呼ばれる。抵抗の単位としては**オーム**(記号 Ω)が用いられ，**1V の電圧をかけたとき，1A の電流が流れる導線の抵抗を 1Ω** とする。すなわち，

$$1V = 1Ω \cdot A$$

2 抵抗による電圧降下 　$V=RI$ の式は，図のように，抵抗値 R〔Ω〕の抵抗の一端 a から他端 b に向かって強さ I〔A〕の電流が流れるとき，b 端の電位が a 端の電位に比べて RI〔V〕だけ低くなることを示している。そこで，この RI を抵抗による**電圧降下(電位降下)**と呼ぶ。

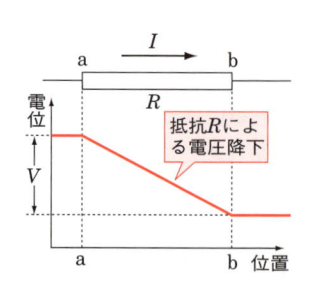

抵抗 R による電圧降下

3 電圧降下について 　電圧降下は $V=RI$ で示されるから，抵抗値がいくら大きい抵抗でも，その抵抗に電流が流れなければ($I=0$)，電圧降下は起こらず($V=0$)，いかなるところも等電位になる。また，

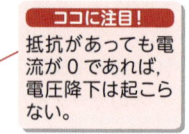

ココに注目!
抵抗があっても電流が 0 であれば，電圧降下は起こらない。

抵抗にいくら強い電流が流れても，その抵抗の抵抗値が無視できるほど小さければ($R≒0$)，いかなるところも等電位になり，電圧降下は生じない。

> **要点** 　抵抗 R を流れる電流 I は，電位が高いほうから電位が低いほうに向かって流れ，抵抗の両端の電圧 V は，$V=RI$ で表される。

2 抵抗率 重要

1｜導線中を移動する自由電子の速さ 図のように，長さ l [m]，断面積 S [m²]の導線の両端に V [V]の電圧を加えると，導線の内部に，$E = \dfrac{V}{l}$ [V/m]の電場を生じる。

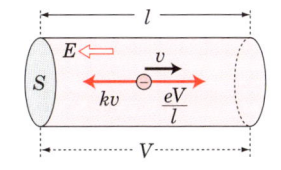

電子の電荷を $-e$ [C]とすると，導線内の自由電子は，この電場から大きさ $\dfrac{eV}{l}$ [N]の力を，電場と逆の向きに受ける。個々の自由電子は，この力によって加速されるが，導線内に格子状にならんで熱振動をしている金属イオンと衝突しては減速され，また加速されるということをくり返しながら進む。このため，自由電子は金属イオンから抵抗力を受けることになり，**自由電子全体は，平均すると電場から受ける力の向きに，一定の速さで進んでいると考えることができる**。自由電子が受けるこの抵抗力の大きさは，自由電子の平均の速さ v [m/s]に比例すると考えられるので，このときの比例定数を k とすると，自由電子は，電場から受ける力 $\dfrac{eV}{l}$ [N]と抵抗力 kv [N]とがつりあうような一定の速さで進むことになる。したがって，自由電子の平均の速さ v [m/s]は，$\dfrac{eV}{l} = kv$ より，$\boldsymbol{v = \dfrac{eV}{kl}}$ ……①

2｜自由電子の移動と電流の強さ この導線の単位体積あたりの自由電子の数を n [1/m³]とすると，導線のある断面を 1s 間に通過する自由電子の数は，体積 Sv [m³]の中にある自由電子の数 nSv に等しい。

したがって，この導線を流れる電流の強さ I [A]は，$I = envS$ ……②

3｜自由電子の移動とオームの法則 ①式を②式に代入すると，

$$I = en \cdot \dfrac{eV}{kl} \cdot S = \dfrac{e^2 n}{k} \cdot \dfrac{S}{l} V$$

したがって，$R = \dfrac{k}{e^2 n} \cdot \dfrac{l}{S} = \rho \dfrac{l}{S}$ $\left(\text{ただし，} \rho = \dfrac{k}{e^2 n}\right)$ ……③

とおくと，オームの法則 $V = RI$ が導かれる。

4｜抵抗率 ③式から，導線の抵抗は，長さに比例し，断面積に反比例することがわかる。比例定数 ρ は**抵抗率**といわれ，単位は Ω·m である。
　　　　　　　　　　　↳物質によって決まる定数である

> **要点** 導線の抵抗は，**長さに比例**し，**断面積に反比例**。$R=\rho\dfrac{l}{S}$

3 抵抗率の温度変化

一般に，**金属の抵抗は，温度が上がると増加する**。これは温度が上昇するほど金属イオンの熱振動が激しくなり，自由電子の運動が妨げられるからである。0℃における抵抗率を ρ_0〔Ω・m〕，t〔℃〕における抵抗率を ρ〔Ω・m〕とすると，$\rho=\rho_0(1+\alpha t)$ が成り立つ。α は**抵抗率の温度係数**といわれ，その単位は 1/K である。

例題研究 電流の強さ

ある導線の1つの断面を，0.10秒間に 4.0×10^{-2} C の電気が移動したとする。
(1) 導線に流れた電流の強さを一定とみなすと，その強さはいくらになるか。
(2) この間に，この断面を通過した電子の数を求めよ。
ただし，電子の電荷は $-e=-1.6\times10^{-19}$ C である。

解 (1) $I=\dfrac{Q}{t}=\dfrac{4.0\times10^{-2}}{0.10}=0.40$〔A〕

(2) $ne=Q$ より，$n=\dfrac{Q}{e}=\dfrac{4.0\times10^{-2}}{1.6\times10^{-19}}=2.5\times10^{17}$

答 (1) **0.40A** (2) **2.5×10^{17}個**

例題研究 電圧降下

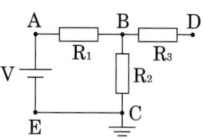

図のように，抵抗値がそれぞれ20Ω，40Ω，100Ω の抵抗 R_1, R_2, R_3 と，両極間の電圧がつねに12Vの電池Vを接続し，C点を接地した。
(1) 抵抗 R_1, R_2 を流れる電流はいくらか。
(2) A，B，C，D，Eの各点の電位はそれぞれいくらか。

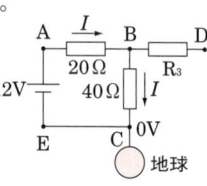

解 (1) 点Cと地球を結ぶ導線と，抵抗 R_3 には電流が流れないから，抵抗 R_1 と抵抗 R_2 に流れる電流は等しい。この電流を I とすれば，R_1 による電圧降下と R_2 による電圧降下の和が，電池の電圧に等しいから，$20I+40I=12$
ゆえに，$I=0.2$A

(2) A, B, C, D, E の各点の電位を，それぞれ V_A, V_B, V_C, V_D, V_E とする。点 C の電位は，地球の電位に等しいから，$V_C=0$ である。また，EC 間の導線の抵抗は無視できるから，$V_E=V_C=0$ である。R_1, R_2 による電圧降下をそれぞれ V_1, V_2 とすると，$V_1=20\times 0.2=4$〔V〕, $V_2=40\times 0.2=8$〔V〕となるから，$V_B=V_D=8$V，$V_A=12$V となる。

答 (1) **0.2A**　　(2) **$V_A=12$V, $V_B=V_D=8$V, $V_C=V_E=0$V**

例題研究 自由電子の平均の速さ

断面積 1.0mm^2 の導線に 2.0A の電流が流れているとき，この導線中を移動する自由電子の平均の速さはいくらか。ただし，電子の電荷は -1.6×10^{-19}C，導線の単位体積中の自由電子の個数は 8.5×10^{28} 個/m^3 である。

解 $v=\dfrac{I}{neS}=\dfrac{2.0}{8.5\times 10^{28}\times 1.6\times 10^{-19}\times 1.0\times 10^{-6}}\fallingdotseq 1.5\times 10^{-4}$〔m/s〕

答 $\mathbf{1.5\times 10^{-4}}$**m/s**

例題研究 抵抗率

長さ 1.2m，直径 0.6mm のニクロム線の両端に 1.5V の電圧をかけたところ，360mA の電流が流れた。このニクロム線の抵抗率を求めよ。

解 $V=RI$ より，$R=\dfrac{V}{I}=\dfrac{1.5}{360\times 10^{-3}}\fallingdotseq 4.2$〔Ω〕

$R=\rho\dfrac{l}{S}$ より，$\rho=\dfrac{RS}{l}=\dfrac{4.2\times 3.14\times\left(\dfrac{0.6}{2}\times 10^{-3}\right)^2}{1.2}\fallingdotseq 9.9\times 10^{-7}$〔Ω·m〕

答 $\mathbf{9.9\times 10^{-7}}$**Ω·m**

例題研究 抵抗の温度変化

100V の電圧で 1.0A の電流が流れる電球がある。そのフィラメントの抵抗を 0℃ で測定すると，8.0Ω であった。この電球を 100V の電圧で点燈すると，フィラメントの温度はいくらになるか。ただし，フィラメントの抵抗率の温度係数は 5.5×10^{-3} 1/K とし，フィラメントの熱膨張は無視できるものとする。

解 100V の電圧で点燈しているときのフィラメントの抵抗を R とすれば，

$V=RI$ より，$R=\dfrac{V}{I}=\dfrac{100}{1.0}=100$〔Ω〕

$\rho=\rho_0(1+\alpha t)$ より，$\rho\dfrac{l}{S}=\rho_0\dfrac{l}{S}(1+\alpha t)$

よって，$R=R_0(1+\alpha t)$　　これから，$100=8.0(1+5.5\times 10^{-3}\times t)$

ゆえに，$t=2.1\times 10^3$℃

答 $\mathbf{2.1\times 10^3}$**℃**

36 抵抗の接続

1 直列接続 重要

1｜電流 図は，抵抗値が R_1 と R_2 の 2 つの抵抗を直列に接続した場合を示す。このとき，**2 つの抵抗を流れる電流はつねに等しい。**

> 抵抗 R_1 における電圧降下
> 抵抗 R_2 における電圧降下
> 全体の電圧降下は各抵抗における電圧降下の和になる

2｜合成抵抗 AC 間の電圧を V，2 つの抵抗を流れる電流を I とし，AB, BC 間の電圧降下をそれぞれ V_1, V_2 とすれば，

$$V = V_1 + V_2, \quad V_1 = R_1 I, \quad V_2 = R_2 I$$

となる。いま，2 つの抵抗を 1 つの抵抗とみなし，その合成抵抗を R とすれば，$V = RI$ となるから，R は次のように表される。

$$RI = R_1 I + R_2 I \quad \text{よって，} \quad R = R_1 + R_2$$

> **ココに注目！**
> 全体の電圧降下は各抵抗における電圧降下の和になる。

要点

〔直列接続〕
電流→それぞれの抵抗を流れる**電流は等しい。**
合成抵抗→ $\boldsymbol{R = R_1 + R_2}$

2 並列接続 重要

1｜電圧 図は，抵抗値が R_1, R_2 の 2 つの抵抗を並列に接続した場合を示す。このとき，**2 つの抵抗の両端にかかる電圧はつねに等しい。**

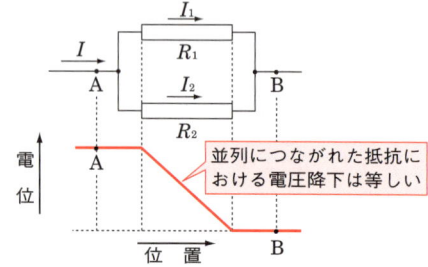

> 並列につながれた抵抗における電圧降下は等しい

2 合成抵抗

AB 間の電圧を V, R_1, R_2 を流れる電流をそれぞれ I_1, I_2 とすると，点 A から流れ込む電流 I が I_1, I_2 に分かれるから，$I = I_1 + I_2$ であり，
$$V = R_1 I_1 = R_2 I_2$$

> **ココに注目！**
> 回路の分岐点に流れ込む電流の和と、流れ出す電流の和は等しい。

である。したがって，2つの抵抗を1つの抵抗とみなし，その合成抵抗を R とすれば，$V = RI$ となるから，R は次のように表される。

$$\frac{V}{R} = \frac{V}{R_1} + \frac{V}{R_2} \quad \text{よって,} \quad \frac{1}{R} = \frac{1}{R_1} + \frac{1}{R_2}$$

要点 〔並列接続〕
電圧 → それぞれの抵抗にかかる**電圧は等しい。**

合成抵抗 → $\dfrac{1}{R} = \dfrac{1}{R_1} + \dfrac{1}{R_2}$

例題研究　直列接続

図のように，抵抗 R_1, R_2 を直列につないだ回路について，以下の問いに答えよ。
ただし，$R_1 = 20\Omega$, $R_2 = 30\Omega$, $E = 1.5\text{V}$ とする。

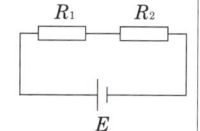

(1) 回路の合成抵抗 R はいくらか。
(2) 回路を流れる電流 I はいくらか。
(3) 抵抗 R_1, R_2 にかかる電圧はいくらか。

解 (1) 合成抵抗の式から，$R = R_1 + R_2 = 20 + 30 = 50 \, [\Omega]$

(2) オームの法則 $V = RI$ より，$1.5 = 50 \times I$　ゆえに，$I = \dfrac{1.5}{50} = 0.03 \, [\text{A}]$

(3) 抵抗 R_1 にかかる電圧 V_1 は，$V_1 = 20 \times 0.03 = 0.6 \, [\text{V}]$
抵抗 R_2 にかかる電圧 V_2 は，$V_2 = 30 \times 0.03 = 0.9 \, [\text{V}]$

答 (1) **50Ω** (2) **0.03A** (3) R_1 : **0.6V**, R_2 : **0.9V**

例題研究　合成抵抗

図のように，20Ω，5Ω，8Ω の3つの抵抗と 6V の電池を接続した。

(1) AC 間の全抵抗はいくらか。
(2) AB，BC 間の電圧は，それぞれいくらか。
(3) 5Ω の抵抗を流れる電流はいくらか。

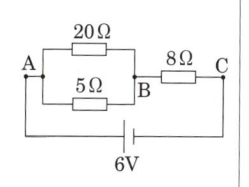

解 (1) AB 間の合成抵抗を R' とすれば，

$$\frac{1}{R'} = \frac{1}{20} + \frac{1}{5} = \frac{5}{20} = \frac{1}{4} \quad \text{ゆえに，} R' = 4\Omega$$

したがって，AC 間の全抵抗 R は，$R = R' + 8 = 4 + 8 = 12 [\Omega]$

(2) 8Ω の抵抗を流れる電流を I とすると，$RI = 6$ より，$I = \dfrac{6}{R} = \dfrac{6}{12} = 0.5 [A]$

よって，BC 間の電圧 V_2 は，$V_2 = 8 \times 0.5 = 4 [V]$

また，AB 間の電圧 V_1 は，$V_1 = 6 - V_2 = 6 - 4 = 2 [V]$

(3) $V_1 = 5I'$ より，$I' = \dfrac{V_1}{5} = \dfrac{2}{5} = 0.4 [A]$

答 (1) **12Ω** (2) **AB間：2V，BC間：4V** (3) **0.4A**

例題研究 回 路

2つの抵抗 $R_1(5.0\Omega)$，$R_2(10\Omega)$ を使って，図のような回路をつくり，電流や電圧を調べた。これについて，次の問いに答えよ。

(1) 抵抗 R_1，R_2 と電源 E を図1のようにつないで，回路をつくった。a点の電流を測ったら，0.30A であった。
　① b点を流れる電流は何Aか。
　② 抵抗 R_1 の両端の電圧は何Vか。
　③ 電源 E の電圧は何Vか。

(2) 抵抗 R_2 と抵抗値のわからない抵抗 R_x，および 9.0V の電源を図2のようにつないで，回路をつくった。c点の電流を測ったら，4.5A であった。
　① d点を流れる電流は何Aか。　② 抵抗 R_x は何Ωか。

解 (1) ① a点とb点とに流れる電流は等しいので，0.30A

② オームの法則より，$5.0 \times 0.30 = 1.5 [V]$

③ 電源電圧 E は各抵抗における電圧降下の和に等しいので，
$E = 5.0 \times 0.30 + 10 \times 0.30 = 4.5 [V]$

(2) ① R_2 に流れる電流 I_2 は，$9.0 = 10 \times I_2$ より，$I_2 = \dfrac{9.0}{10} = 0.90 [A]$

よって，d点を流れる電流は，$4.5 - 0.90 = 3.6 [A]$

② オームの法則より，$9.0 = R_x \times 3.6$　ゆえに，$R_x = \dfrac{9.0}{3.6} = 2.5 [\Omega]$

答 (1) ① **0.30A**，② **1.5V**，③ **4.5V** (2) ① **3.6A**，② **2.5Ω**

要点チェック

7章 静電気と電流

↓答えられたらマーク　　　　　　　　　　　　　　　　　　　　わからなければ ➡

- [ ] **1** 真空中で $+2.0\times10^{-8}$C の点電荷と -4.0×10^{-8}C の点電荷を距離 0.20m 離して置いた。点電荷にはたらく力の大きさは何 N か。このときの力は引力か反発力か。ただし，クーロンの法則の比例定数を 9.0×10^{9}N·m^2/C^2 とする。　　p.117 要点

- [ ] **2** 電場の強さが 100N/C の場所に 2.0×10^{-8}C の点電荷を置いたとき，点電荷が電場から受ける力の大きさは何 N か。　　p.118 要点

- [ ] **3** ある場所に 4.0×10^{-8}C の点電荷を置いたとき，点電荷に 20N の力がはたらいた。その場所における電場の強さは何 N/C か。　　p.118

- [ ] **4** 次の文章の（　）内に適当な言葉を入れよ。　　p.122
    ① 放電管の+極を十字形にしておくと，+極のうしろのガラス壁に十字形の影ができる。これは陰極線が（　）することを示している。
    ② 放電管に別の電極を入れて電圧をかけると，陰極線は（　）極側に曲がる。これは陰極線の粒子が（　）電気をもっていることを示す。

- [ ] **5** 導線のある断面を 10s 間に 3.0C の電荷が通過した。このとき導線に流れた電流の強さは何 A か。　　p.123 要点

- [ ] **6** 300Ω の抵抗に 1.5V の電圧を加えたとき，抵抗に流れる電流の強さは何 A か。　　p.124

- [ ] **7** 20Ω と 30Ω の抵抗を直列に接続したときの合成抵抗は何 Ω か。　　p.128 要点

- [ ] **8** 20Ω と 30Ω の抵抗を並列に接続したときの合成抵抗は何 Ω か。　　p.129 要点

- [ ] **9** 次の文章の（　）内に適当な言葉を入れよ。　　p.128,129
    ① 2つの抵抗を（　）に接続したとき，2つの抵抗に流れる電流は等しい。
    ② 2つの抵抗を（　）に接続したとき，2つの抵抗にかかる電圧は等しい。

答

1 1.8×10^{-4}N，引力，**2** 2.0×10^{-6}N，**3** 5.0×10^{8}N/C，**4** ①直進　②+(正)，−(負)，**5** 0.30A，**6** 5.0×10^{-3}A，**7** 50Ω，**8** 12Ω，**9** ①直列　②並列

7章 練習問題

解答→p.166

1 図のように,放電管に高い電圧を加えると,回路に電流が流れ,放電管に十字形の影ができた。次の文の( )の中から正しいものを選び,記号に○をつけよ。

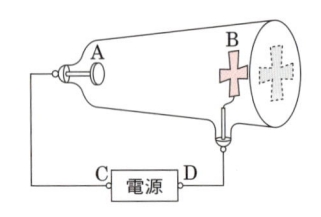

(1) 放電管の電極Aに直流電源の(**ア**. +極,**イ**. −極)の端子がつながっているとき,(**ウ**. 正,**エ**. 負)の電気をもった粒子が(**オ**. AからB,**カ**. BからA)に移動するために,Bの右側のガラス壁に十字形をした影が現れる。ガラス壁に十字形をした影ができるのは,Aから出た粒子が(**キ**. まっすぐ,**ク**. カーブして)進むからで,光によって物体の影ができるのと同じことである。このとき,電源の端子CとAを結ぶ導線に流れる電流の向きは(**ケ**. CからAへ,**コ**. AからCへ)の向きである。

(2) このような電気をもった小さな粒子を(**サ**. 原子,**シ**. 電子)という。金属中には,この粒子がたくさんあり,電圧を加えると,電極の表面から飛び出す。金属中にあるこの粒子を特に(**ス**. イオン,**セ**. 自由電子,**ソ**. 原子核)という。

2 右のグラフは,2本の電熱線 R_1,R_2 のそれぞれについて,電熱線に加わる電圧とそこを流れる電流の関係を調べた結果を示している。これについて,次の問いに答えよ。

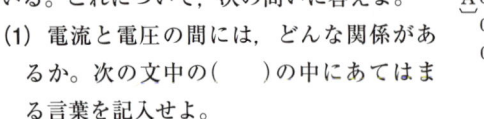

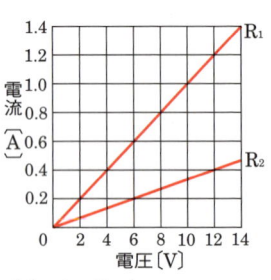

(1) 電流と電圧の間には,どんな関係があるか。次の文中の( )の中にあてはまる言葉を記入せよ。

「電熱線を流れる電流は,**ア**(   )に **イ**(   )している。」

(2) 電熱線 R_1,R_2 を比べると,どちらのほうが抵抗値が大きいか。

(3) 電熱線 R_1 を9Vの電源につなぐと,何Aの電流が流れるか。

HINT **2** (2) 電圧を変化させたとき,抵抗の小さいほうが電流の変化が大きくなる。

(4) 電熱線 R_2 を 15V の電源につなぐと，何 A の電流が流れるか。小数第 2 位まで求めよ。

(5) 2 本の電熱線 R_1，R_2 を直列につないで，0.2A の電流を流すためには何 V の電圧が必要か。

(6) 2 本の電熱線 R_1，R_2 を並列につないで，6.0V の電源につないだとき，この回路に流れる全体の電流はいくらか。

(7) 2 本の電熱線 R_1，R_2 のそれぞれの抵抗値を求めよ。

3 4 つの抵抗 $R_1(5.0\Omega)$，$R_2(4.0\Omega)$，$R_3(6.0\Omega)$，$R_4(10\Omega)$ を用いて，下図のような回路をつくった。電源の電圧は 12V として，各問いに答えよ。

(1) BE 間の抵抗値は何 Ω か。

(2) この回路全体の抵抗値は何 Ω か。

(3) A 点を流れる電流の強さは何 A か。

(4) C 点を流れる電流の強さは何 A か。

(5) AB 間の電圧は何 V か。

(6) CE 間の電圧は何 V か。

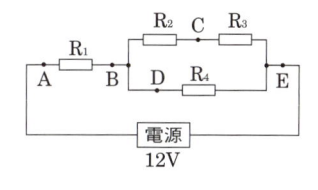

4 等しい質量 m [kg] の小球 A, B が，それぞれ長さ l [m] の電気を通さない糸で定点 O からつり下げられている。小球 A に電荷 q_A [C] $(q_A > 0)$，小球 B に電荷 q_B [C] を与えたところ，A と B は図のように，それぞれの糸と鉛直線との間の角度が θ [rad] のところで静止した。

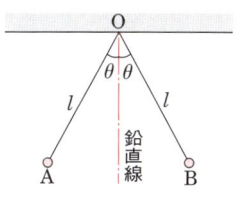

重力加速度の大きさを g [m/s^2]，クーロンの法則の比例定数を k [N·m^2/C^2] として，以下の問いに答えよ。ただし，糸の質量，空気の抵抗は無視でき，小球の半径は l に比べて非常に小さいものとする。

(1) 小球 B に与えた電荷 q_B は正か負か。

(2) 小球 A と B の間にはたらく静電気力（クーロン力）の大きさを k，q_A，q_B，l，θ を用いて表せ。

HINT　**3**　(4) 並列につながれた抵抗値の等しい抵抗には，同じ強さの電流が流れる。
(5)(6) オームの法則を用いる。
4　(2) クーロンの法則を用いる。

37 磁石と磁場

1 磁石のつくる磁場

磁石にはN極とS極があり，これを磁極と呼ぶ。磁極の間には磁気力がはたらき，N極同士やS極同士では反発力(斥力)がはたらき，N極とS極の間には引力がはたらく。磁気力は，磁極の強さや距離によってはたらく力の大きさが異なり，磁極の強さが強いほど大きな力がはたらき，距離が近いほど大きな力がはたらく。磁石は，そのまわりの空間に磁場をつくる。

→磁界ともいう

2 磁力線　重要

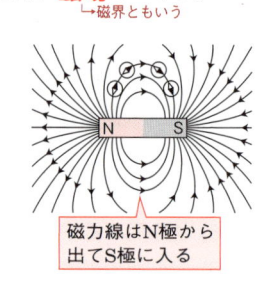

磁力線は磁場のようすを表すために使われる。
① 磁力線はN極から出てS極に入る。
② 磁力線の間隔によって磁場の強さが表され，間隔が狭い(密度が大きい)ほど磁場が強い。

磁力線はN極から出てS極に入る

3 電流のつくる磁場　重要

1│ 直線電流による磁場　直線状の電流が流れると，電流のまわりには電流を中心とする同心円状の磁場ができる。磁場の強さは，電流から離れるにしたがって弱くなる。磁場の向きは電流の流れる向きに右ねじを回転させたときの回転方向になる。

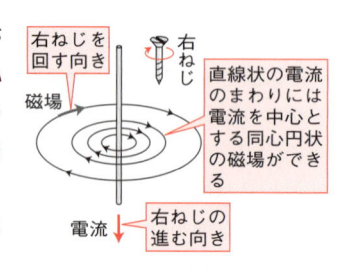

直線状の電流のまわりには電流を中心とする同心円状の磁場ができる

右ねじを回す向き／磁場／右ねじ／電流／右ねじの進む向き

> **要点**　直線電流による磁場
> 磁場の強さは電流からの距離に反比例し，電流に比例する。

2│ 右ねじの法則　右ねじの法則には2通りの使い方がある。
状況に応じて，使いやすいほうを使う←

a) 右ねじを回すときに右ねじが進む方向に電流が流れると，右ねじの回転方向に磁場が発生する。
b) 右ねじの回転方向に電流が流れると，右ねじの進む方向に磁場が発生する。

3 | 円電流による磁場

円形状に流れる電流が，**円の中心につくる磁場の向きは，円電流が流れる向きに右ねじを回転したときに右ねじが進む方向**になる。磁場の強さは半径に反比例し，電流に比例する。

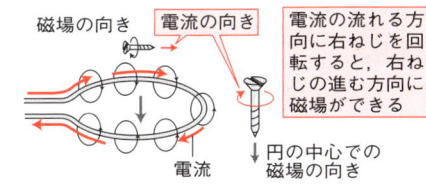

> **要点** 円電流による磁場
> 磁場の強さは半径に反比例し，電流に比例する。

4 | ソレノイドコイルによる磁場

導線を円筒形に密に巻いたコイルを**ソレノイドコイル**と呼ぶ。ソレノイドコイルの内部には一様な磁場ができ，その磁場の向きは，電流が流れる向きに右ねじを回したときに右ねじが進む方向である。

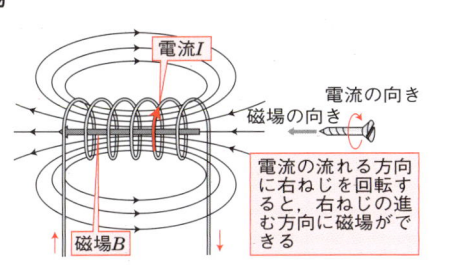

磁場の強さは，単位長さあたりの巻き数に比例し，電流に比例する。

ソレノイドコイルから磁力線が出て行く側がN極，磁力線が入る側がS極である。

例題研究　電流の向きと磁場

図を見て，以下の問いに答えよ。
(1) 図1は電流のまわりの磁場を示している。電流の向きはA，Bのどちらか。
(2) 図2はコイルに電池をつないだところを示している。N極はA，Bのどちらか。

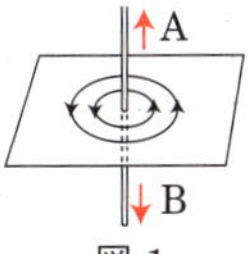

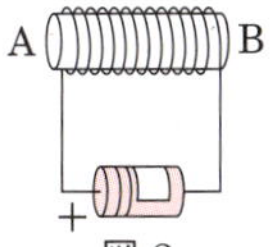

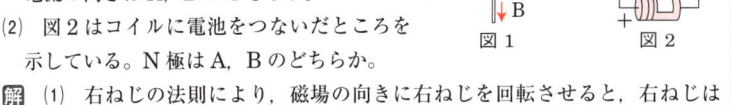

解 (1) 右ねじの法則により，磁場の向きに右ねじを回転させると，右ねじはAの方向に進むので，電流はAの向きに流れている。
(2) 右ねじの法則により，コイルに流れる電流の向きに右ねじを回転させると，右ねじはA→Bの向きに進むので，N極はBである。

答 (1) **A** 　(2) **B**

4編 電気

38 モーターのしくみ

1 電流が磁場から受ける力 　重要

1 電磁力 電流が磁場から受ける力を**電磁力**という。磁場の中に置かれた導体棒に電流を流すと，導体棒に流れた電流が磁場をつくる。空間にある磁場と電流のつくった磁場が力を及ぼし合い，電流は磁場から電磁力を受ける。**電流が磁場から受ける力の大きさは，電流や磁場の強さが強いほど大きい。**また，電流が流れている導線の長さが長いほど，導線にはたらく力の大きさも大きくなる。

2 電流が磁場から受ける力の向き

磁場の中に置かれた導線に電流を流すと，導線は磁場から力を受ける。図(a)のような実験装置で導体棒に電流を流すと，導体棒は磁場から力を受けて傾いた状態になる。図(b)のように，電流の流す向きを変えると，導体棒にはたらく力の向きが逆になる。

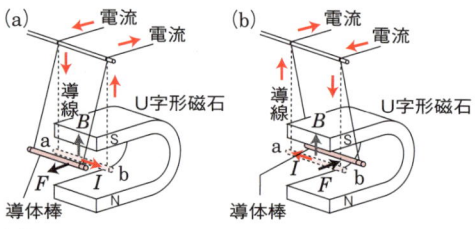

3 フレミングの左手の法則

電流が磁場から受ける力の向きは，図のように**左手の人差し指を磁場の向き，中指を電流の向きに向けたとき，人差し指と中指に垂直に立てた親指方向にはたらく。**

これを，**フレミングの左手の法則**と呼ぶ。

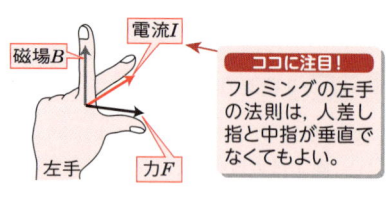

> **ココに注目！**
> フレミングの左手の法則は，人差し指と中指が垂直でなくてもよい。

要点

電流が磁場から受ける力
力の大きさ→電流や磁場の強さが強いほど大きな力がはたらく。
力の向き→**電流と磁場に垂直な方向**にはたらき，電流の向きを逆にすると力の向きも逆になる。

2 モーターの仕組み

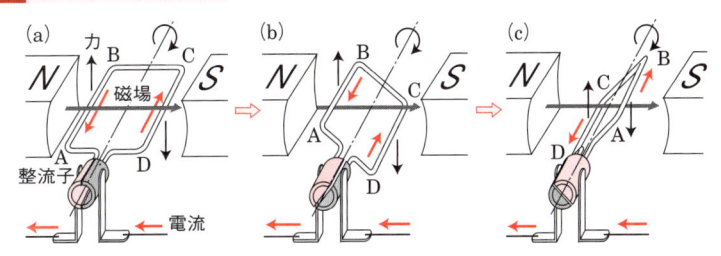

a) AB 間に流れる電流には，上向きに力がはたらく。CD 間に流れる電流には，下向きに力がはたらく。この力によってコイルは回転する。
　　　　　　　　　　　　↳フレミングの左手の法則による

b) AB 間に流れる電流には，上向きに力がはたらく。CD 間に流れる電流には，下向きに力がはたらき，コイルは回転を続ける。

c) (a)から90°回転すると整流子のはたらきにより，電流の流れる向きは A → B → C → D となり，AB には下向きに，CD には上向きに力がはたらき，コイルは同じ方向に回転を続ける。

例題研究　電流の受ける力

図を見て，次の問いに答えよ。

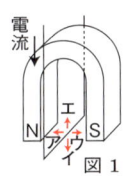

(1) 図1のように，U字形磁石の磁極の間に，まっすぐな導線を水平になるようにしてつるし，導線に図の矢印の向きに電流を流した。このとき導線は磁場から，ア〜エのどの向きの力を受けるか。

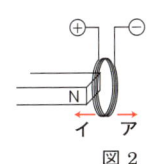

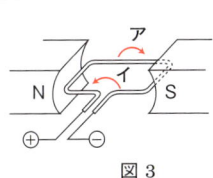

(2) 図2のように，棒磁石のN極の前にコイルをつるし，コイルに電流を流す。このとき，コイルは，ア，イのどちら向きの力を受けるか。

(3) 図3のように，電動機のコイルの両端と電池の＋極，－極がつながっているとき，コイルはア，イのどちら向きにまわるか。

解 (1) フレミングの左手の法則により，導線はイの方向に力を受ける。

(2) 右ねじの法則により，コイルの右側がN極，左側がS極となるので，コイルはイの方向に力を受ける。

(3) 左側のN極に近いほうの導線，右側のS極に近いほうの導線について，フレミングの左手の法則をあてはめると，コイルのまわる向きはイとなる。

答 (1) イ　(2) イ　(3) イ

39 発電機のしくみ

1 電磁誘導 　重要

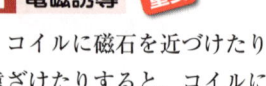

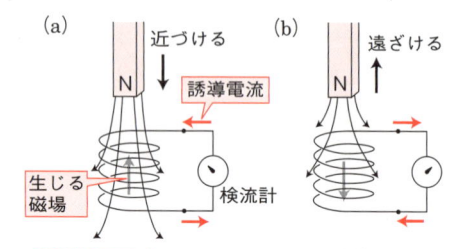

コイルに磁石を近づけたり遠ざけたりすると、コイルに電流が流れる。逆に、磁石にコイルを近づけたり遠ざけたりしても、コイルに電流が流れる。この現象を**電磁誘導**と呼ぶ。電磁誘導で生じた電圧を**誘導起電力**、流れる電流を**誘導電流**と呼ぶ。電磁誘導には、次のような特徴がある。

① 磁石を近づけるときと遠ざけるときでは、コイルに流れる電流の向きは逆になる。
② 磁石を近づける速さを速くすると、コイルに流れる電流は強くなる。
③ コイルの巻き数を多くすると、コイルに流れる電流は強くなる。
④ 磁石を強くすると、コイルに流れる電流は強くなる。

これらの特徴から、コイルを貫く磁場が変化するとその変化を妨げるように誘導電流が流れ（レンツの法則）、磁場の変化が大きいほど流れる誘導電流も大きくなることがわかる。これを**ファラデーの電磁誘導の法則**という。

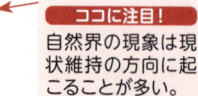

> **ココに注目！**
> 自然界の現象は現状維持の方向に起こることが多い。
> →レンツの法則

> **要点** ファラデーの電磁誘導の法則
> コイルを貫く**磁力線の変化を妨げる向き**に誘導電流が流れ、磁場の変化が大きいほど流れる誘導電流も大きくなる。

2 発電機

1｜発電機 磁場の中で、コイルを回転させると、コイルを貫く磁力線が変化するので、コイルには誘導電流が流れ、発電することができる。**コイルの回転のエネルギーを電気エネルギーに変換する装置が発電機である。**

2 発電

図のように，(a)の状態から(b)の状態にコイルを回転させると，コイルを貫く磁力線の本数が増加する。この磁力線の増加を妨げるためには，<u>磁石による磁力線と逆向きになるような磁力線をつくるように，コイルに誘導電流が流れれば</u>よい。右ねじの法則により，コイルにはA→B→C→Dの向きに電流が流れる。コイルが回転を続けると，コイルを貫く磁力線はつねに変化するので，コイルには誘導電流が流れ続ける。図のように，整流子がついていると，半回転ごとに流れる向きを変えることができるので，ブラシから取り出した電流は同じ方向に流れ続ける。

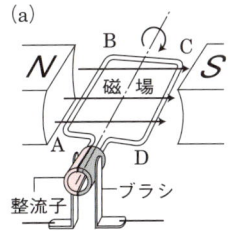

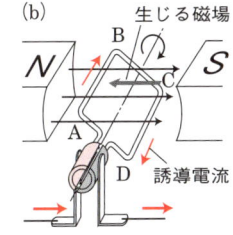

例題研究　電磁誘導

図のように，磁石をコイルに近づけたり遠ざけたりした。コイルの両端は検流計につないである。次の問いに答えよ。

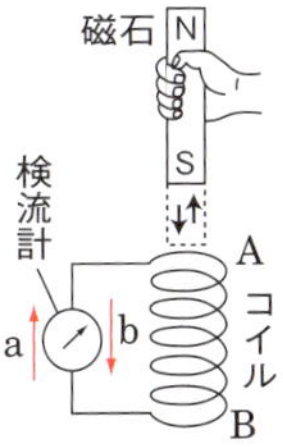

(1) 磁石をコイルに近づけたり遠ざけたりすると，コイルに電流が流れる。この現象を何というか。

(2) 次の文中の(　)にあてはまる記号または語を入れよ。
　磁石のS極をコイルの真上から近づけると，コイルのA側が(①)極になるような向きの電流がコイルに流れる。その向きは図のa，bのうちの(②)の向きである。磁石を速くコイルに近づけると，電流の強さは(③)くなる。

解 (1) 磁石を近づけると，コイルを貫く磁力線が増え，遠ざけると減るので，それを妨げる向きに誘導電流が流れる。この現象を電磁誘導という。

(2) ① コイルに磁石のS極を近づけたとき，それを妨げるためにはコイルのA側がS極になるように誘導電流が流れればよい。

② A側がS極になるためには，コイル内の磁力線はAからBの向きであればよい。よって，右ねじの法則により，検流計に流れる電流はaの向きである。

③ 磁石を速く動かすと，コイルを貫く磁力線の変化が大きくなるので，コイルに生じる誘導電流も強くなる。

答 (1) 電磁誘導　(2) ①**S** ②**a** ③強

40 交流

1 交流

1 直流と交流
いつも同じ強さで＋極から－極に流れる電流を**直流**という。それに対し，短い時間間隔で向きと強さが変わる電流を**交流**という。日本では，交流の周波数に50Hz（ヘルツ）と60Hzの2種類がある。

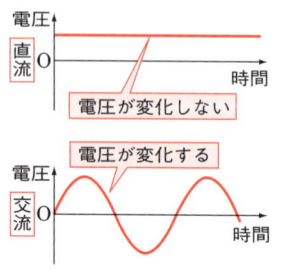

2 交流の発生
図のように，磁場の中でコイルを回転させると，磁力線の変化を妨げる向きに誘導電流が流れる。
→レンツの法則

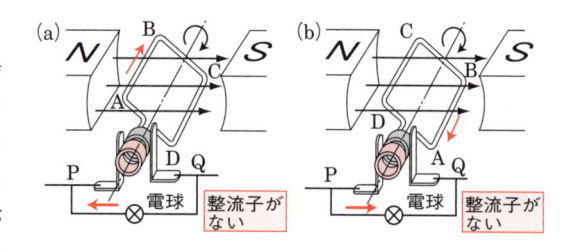

(a)のときには A→B の向きに誘導電流が流れるため，電球には Q→P の向きに電流が流れる。

(a)から半回転した(b)のときには B→A の向きに誘導電流が流れるため，電球には P→Q の向きに電流が流れる。コイルを1回転させると，もとの状態に戻る。このように，コイルの回転を続けると周期的に変化する電流が流れる。電流が1回振動する時間を交流の**周期**と呼び，1秒間に振動する回数を交流の**周波数（振動数）**という。

3 交流の電圧と電流
家庭用の交流の電圧は100Vである。交流は周期的に電圧が変化してるので，100Vの電圧がかかり続けているわけではない。実際には最大値が約140Vで時間とともに周期的に変化している。交流電源を抵抗に接続したときに，抵抗で発生するジュール熱が $P=IV$ によって求められるように考えられたものが，交流

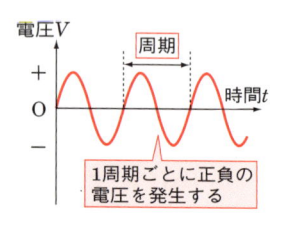

の**実効値**である。家庭用の交流電圧 100V は実効値であり，実効値 100V の電圧を加えたとき 100W のジュール熱を発生する抵抗に流れる電流の実効値が 1A である。このとき抵抗に流れる電流は，最大値約 1.4A で周期的に変化する。

> **ココに注目！**
> 交流の最大値は実効値の約 1.4 倍である。

2 変圧器 重要

交流では電圧を変えることができる。この装置を**変圧器**という。

図のように，1 次コイルに流れる交流電流 I_1 によって，鉄しん内に磁場が発生する。I_1 は周期的に変化するため，2 次コイルを貫く磁力線もつねに変化し，2 次コイルに誘導起電力が発生する。1 次コイルと 2 次コイルの巻き数をそれぞれ N_1, N_2 とすれば，1 次コイル側の電圧 V_1〔V〕と 2 次コイル側に発生する電圧 V_2〔V〕との間には，$\dfrac{V_2}{V_1} = \dfrac{N_2}{N_1}$ の関係が成り立つ。

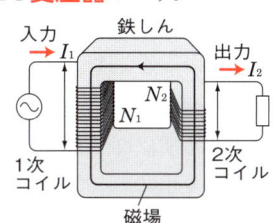

> **要点** 変圧器の電圧と巻き数の関係 $\dfrac{V_2}{V_1} = \dfrac{N_2}{N_1}$

例題研究 変圧器

1 次コイルの巻き数と 2 次コイルの巻き数がそれぞれ 200 回と 600 回の変圧器がある。1 次コイルに 100V の交流電源をつないだ。以下の問いに答えよ。

(1) 2 次側のコイルに生じる電圧は何 V か。
(2) 2 次側で 12V の電圧を取り出したい。2 次コイルの巻き数を何回にすればよいか。

解 (1) 2 次コイルに生じる電圧を V とすれば，

$$\frac{V}{100} = \frac{600}{200} \text{ より，} V = \frac{600}{200} \times 100 = 300 \text{〔V〕}$$

(2) 2 次コイルの巻き数を N とすれば，

$$\frac{12}{100} = \frac{N}{200} \text{ より，} N = \frac{12}{100} \times 200 = 24 \text{〔回〕}$$

答 (1) **300V** (2) **24 回**

41 電磁波

1 電磁波の発生 重要

1│ 電波の正体 電波の正体は，電場と磁場の振動が空間を伝わっていく波である。**電場と磁場が振動することによって伝わる波を電磁波**という。電波は波長が0.1mm以上の電磁波と考えてよい。電波の真空中を伝わる速さは，$3.0×10^8$ m/s である。

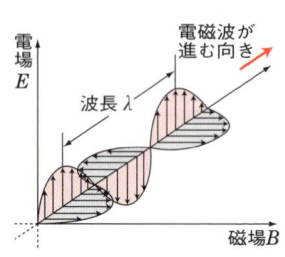

2│ 電波の発生 電場を変化させると変化する磁場をつくる。磁場が変化すると変化する電場をつくる。この変化によってつくられた波が**電磁波**である。

> **ココに注目！**
> 電波も光も電磁波の一種で，波長が異なるだけである。

3│ 電磁波の波長と振動数 電磁波の伝わる速さを c〔m/s〕，振動数を f〔Hz〕，波長を λ〔m〕とすれば，$c = f\lambda$ が成り立つ。

2 電磁波の分類と利用

電磁波は，波長または振動数で分類され，いろいろな用途に利用される。

波 長	1km	100m	10m	1m	10cm	1cm	1mm
振動数	300kHz	3MHz	30MHz	300MHz	3GHz	30GHz	300GHz
分 類	長波(LF)	中波(MF)	短波(HF)	超短波(VHF)	極超短波(UHF)	センチ波(SHF)	ミリ波(EHF)
用 途	AM放送	無線		TV放送 FM放送	携帯電話	衛星放送 電子レンジ	衛星通信

波 長	10^{-4}m	10^{-5}m	10^{-6}m	10^{-7}m	10^{-8}m	10^{-9}m	10^{-10}m
振動数	$3×10^{12}$Hz	$3×10^{13}$Hz	$3×10^{14}$Hz	$3×10^{15}$Hz	$3×10^{16}$Hz	$3×10^{17}$Hz	$3×10^{18}$Hz
分 類	サブミリ波	赤外線		可視光線	紫外線	X線	γ線
用 途		赤外線写真 赤外線リモコン			殺菌		医療

例題研究 電波の波長

空気中を伝わる電波の速さを $3.0×10^8$ m/s とすれば，周波数 80MHz の電波の波長は何 m か。

解 電波の波長を λ〔m〕とすれば，$\lambda = \dfrac{3.0×10^8}{80×10^6} = 3.75$〔m〕

答 3.8m

8章 電流と磁場

要点チェック

↓答えられたらマーク　　　　　　　　　　　　　　　　　　　　わからなければ ⤵

☐ **1** 次の文章の（　）内に適当な言葉を入れよ。　　　　　　　p.134
　① 磁石のまわりの磁力がはたらく空間を（ ア ）という。小さい磁針のN極がさす向きが（ イ ）である。
　② 磁力線は磁石の（ ウ ）極から出て（ エ ）極に入る。磁力線が密なほど（ オ ）が強い。
　③ 直線状の導線に電流が流れると，導線と垂直な平面上に同心円状の（ カ ）ができる。その向きは，（ キ ）を電流の向きに進めるようにまわす向きである。

☐ **2** 次の文章の（　）内に適当な言葉を入れよ。　　　　　　　p.136,137
　① 磁場の中で電流が受ける力は，左手の親指・人差し指・中指を互いに直角をなすように開き，人差し指を（ ア ）の向き，中指を（ イ ）の向きに向けたときの親指の向きにはたらく。
　② 電流が磁場の中で受ける力の大きさは，（ ウ ）や（ エ ）が強いほど，また磁場の中にある導線の長さが長いほど大きい。
　③ 直流モーターは（ オ ）によって，コイルに流れる電流の向きを（ カ ）回転するごとに変え，同じ向きの回転を続けさせている。

☐ **3** 次の文章の（　）内に適当な言葉を入れよ。　　　　　　　p.138
　① コイルの中の（ ア ）が変化すると，コイルに電圧が生じて電流が流れる。この電流を（ イ ）という。
　② 誘導電流は，コイルの中の磁場の（ ウ ）を打ち消す磁場をつくり出すような向きに流れる。
　③ 誘導電流は，コイルの中の磁場が（ エ ）している間だけ流れる。
　④ 誘導電流は，コイルの（ オ ）が多いほど，またコイルの中の（ カ ）の変化が大きいほど強い。

答

1 ①(ア)磁場　(イ)磁場の向き　②(ウ)N　(エ)S　(オ)磁場　③(カ)磁場　(キ)右ねじ
2 ①(ア)磁場　(イ)電流　②(ウ, エ)電流，磁場　③(オ)整流子　(カ)半
3 ①(ア)磁場　(イ)誘導電流　②(ウ)変化　③(エ)変化　④(オ)巻き数　(カ)磁場

4編 電気

8章 練習問題

解答→p.167

1 下の図は，導線やコイルに電流を流したときに生じる磁場について図示したものである。

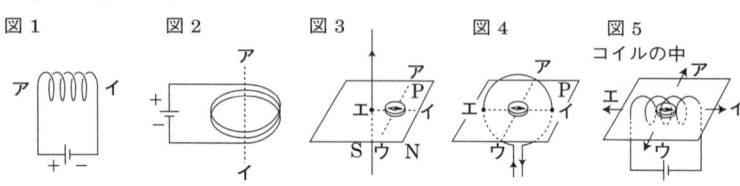

図1 図2 図3 図4 図5 コイルの中

これについて，次の問いに答えよ。

(1) 図1，図2のように，コイルに電池をつないで電流を流した。このときN極は，図のア，イのどちら側か。

(2) 図3〜図5のように，矢印または電池の向きの電流を流しておき，図の位置に方位磁針を置いた。このとき方位磁針のN極の指す向きをア〜エの中から選んで答えよ。

2 右の図は直流モーターの原理を示したものである。図中のN，Sは磁石の極を示し，ABCDはコイルを模式的に示したものである。これについて，次の問いに答えよ。

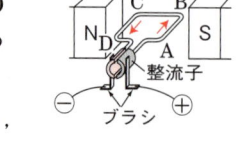

図1

図2

(1) 図1で，ブラシ−整流子に電流を流したとき，コイルのAB，CDの各部分が受ける力の向きは，次のア〜エのどれか。
　ア　右向き　　イ　左向き
　ウ　上向き　　エ　下向き

(2) コイルが回転して，図2の状態になったとき，コイルのAB，CDの各部分が受ける力の向きは，(1)のア〜エのどれか。

(3) 整流子のはたらきについて述べた次の文の(　　)に適当な語を記入せよ。

HINT
1 右ねじの法則で磁力線の向きを求める。
2 (1)(2) フレミングの左手の法則を用いる。

図1では，電流はブラシから整流子を通り，コイルの中を A→B→C→D と流れるので，コイルは全体として(①)まわりの回転力を受ける。
コイルが図2の状態になったとき，電流はコイルの中を(②)→(③)→(④)→(⑤)と流れるので，コイルの CD の部分は，図1のときと(⑥)向きの力を受ける。このようにして，コイルに流れる電流の向きが(⑦)のはたらきで，(⑧)回転するごとに変わるので，モーターの回転が続く。

3 下の図1〜図3は，コイルに検流計をつないで，棒磁石を出し入れしたときの電流の発生を調べる方法を示している。次の各問いに答えよ。

図1　　　　　　　　　図2　　　　　　　　　図3

(1) 図1〜図3のそれぞれについて，コイルに電流が生じるときは，その向きをア，イの記号で示し，電流が発生しないときは0と答えよ。
(2) (1)で電流が発生する場合，検流計の針の振れを大きくするには，どのようにすればよいか。次のア〜オから，正しいものをすべて選べ。
ア 磁石をコイルの中に入れたままにしておく。
イ コイルの巻き数を多くする。
ウ 磁石をより速く動かす。
エ 磁石とコイルをくくりつけておいて，いっしょにすばやく動かす。
オ 棒磁石をより強い磁石に変える。

4 100V の交流電源に 200Ω の抵抗を接続し電流を流した。以下の問いに答えよ。
(1) 抵抗に流れる電流の実効値は何 A か。
(2) 抵抗にかかる電圧の最大値は何 V か。
(3) 抵抗に流れる電流の最大値は何 A か。
(4) 抵抗で消費される電力は何 W か。

HINT　**3**　(1) レンツの法則により，変化を妨げる向きに誘導電流が流れる。
(2) コイルを貫く磁力線の変化が大きくなる場合を考える。
4　(2)(3) 最大値は実効値の約 1.4 倍である。

5編 物理学と社会

42 原子力エネルギー

1 原子核の構成

1｜原子核の構成　原子核は**陽子**と**中性子**からできている。陽子は正の電荷 e（**電気素量**）をもつ粒子で，中性子は電気をもたない粒子である。陽子の質量と中性子の質量はほぼ等しい。**原子番号**は陽子の数で表し，**質量数**は陽子の数と中性子の数の和である。陽子と中性子を総称して**核子**というので，質量数は核子の数と考えることもできる。

2｜同位体　原子核の性質は陽子の数で決まる。原子核には，陽子数が同じでも中性子数が異なるものがある。これを**同位体（アイソトープ）**と呼ぶ。

> **要点**
> 原子核の構成
> 原子番号→**陽子の数**
> 質量数→**陽子の数と中性子の数の和**（核子の数）

2 原子核の崩壊

1｜原子核の崩壊　自然界の中にある不安定な原子核が，放射線を出して別の原子核に変わることを**放射性崩壊**という。原子核が崩壊して放射線を出す能力を**放射能**といい，放射能をもっている原子核を**放射性原子核**という。

2｜放射線　放射性元素から出るおもな放射線には，**α線**，**β線**，**γ線**の3種類がある。

a) **α線**　ヘリウム原子核で，電離作用は強いが，透過力は弱い。

b) **β線**　高速の電子で，電離作用，透過力とも，α線とγ線の中くらいである。

c) **γ線**　波長の短い電磁波で，電離作用は弱いが，透過力は強い。

3｜放射性崩壊　放射性崩壊には，**α崩壊**と**β崩壊**がある。

a) **α崩壊**　原子核からα線が出て，他の原子核に変わることをα崩壊という。α線の実体はヘリウム原子核 $^{4}_{2}\text{He}$（α粒子）なので，原子核から陽子が2個，中性子が2個出て行ってしまう。したがって，陽子の数は2減少するため，**原子番号は2減少する**。また，核子の数（陽子と中性子の数）は4減少するので，**質量数は4減少する**。

b) **β崩壊**　原子核からβ線が出て，他の原子核に変わることをβ崩壊という。β線の実体は電子である。β崩壊では，原子核内の中性子から電子が出て陽子に変わる。β崩壊後，陽子は1個増えるので，原子番号は1増加する。β崩壊では核子の数は不変なので，質量数は変わらない。

> **要点**
> 放射線
> - α線…ヘリウム原子核で，電離作用は強い。
> - β線…高速の電子で，電離作用，透過力とも中くらい。
> - γ線…波長の短い電磁波で，透過力は強い。

3 核反応

1 核反応で保存される数　核反応は，原子核が分裂したり結合したりして，別の原子核に変わる現象である。核反応において，反応の前後では，原子番号は保存される。また，質量数も保存される。

2 核融合反応　2つの質量数の小さい原子核が合体して，質量数の大きい原子核になる現象を，核融合反応といい，大きなエネルギーが放出される。

3 核分裂反応　質量数の大きい原子核が，比較的質量数の大きい2個(複数個)の原子核に分裂する現象を，核分裂反応という。核分裂が起こると中性子が放出される。この中性子が他の原子核に衝突するとさらに核分裂反応が起こる。このように，連続的に核分裂反応が起こることを連鎖反応という。核分裂反応によっても，大きなエネルギーが放出される。

> **要点**
> 核反応
> 反応の前後では，原子番号と質量数は保存される。

4 半減期

放射性原子核が，放射性崩壊をすることによって，放射性原子核の数は減少する。放射性原子核の数が半分に減る時間を**半減期**という。放射性原子核の数が N_0 個あったときから時間 t 経過したときの放射性原子核の数 N は，半減期を T とすれば，$N = N_0 \left(\dfrac{1}{2}\right)^{\frac{t}{T}}$ となる。

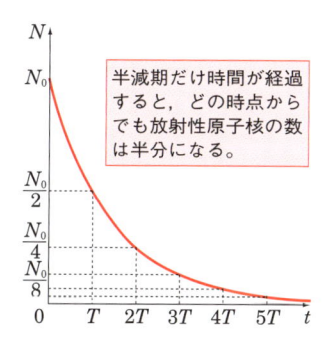

半減期だけ時間が経過すると，どの時点からでも放射性原子核の数は半分になる。

例題研究　原子核の構成

以下の原子核を構成する陽子と中性子の数を記せ。

(1) $^{16}_{8}\text{O}$　　　(2) $^{139}_{56}\text{Ba}$

解　原子番号は陽子の数。中性子の個数は「質量数－原子番号」で求められる。

(1) $^{16}_{8}\text{O}$ は原子番号 8, 質量数 16 であるから, 陽子の数は 8 個。中性子の数は, $16-8=8$〔個〕である。

(2) $^{139}_{56}\text{Ba}$ は原子番号 56, 質量数 139 であるから, 陽子の数は 56 個。中性子の数は, $139-56=83$〔個〕である。

答　(1) 陽子：**8** 個, 中性子：**8** 個　(2) 陽子：**56** 個, 中性子：**83** 個

例題研究　放射性崩壊

$^{232}_{90}\text{Th}$ は放射性崩壊を繰り返し, $^{208}_{82}\text{Pb}$ に変わる。$^{208}_{82}\text{Pb}$ に変わるまでに行った, α 崩壊の回数と β 崩壊の回数を求めよ。

解　質量数が変化するのは α 崩壊だけである。質量数は 232 から 208 に変化しているので, 質量数の減少数は $232-208=24$ である。1 回の α 崩壊で質量数は 4 減少するので, α 崩壊の回数は $\dfrac{24}{4}=6$〔回〕である。

1 回の α 崩壊で原子番号は 2 減少する。6 回の α 崩壊で原子番号は $2\times 6=12$ 減少する。原子番号は 90 から 82 に変化しているので, 原子番号は $90-82=8$ 減少している。1 回の β 崩壊で原子番号は 1 増加するので, 減少数 12 と減少数 8 との違いは β 崩壊による。よって, β 崩壊の回数は $12-8=4$〔回〕と求められる。

答　$\boldsymbol{\alpha}$ 崩壊：**6** 回, $\boldsymbol{\beta}$ 崩壊：**4** 回

例題研究　核反応式

以下の核反応式を完成せよ。

(1) $^{9}_{4}\text{Be} + ^{4}_{2}\text{He} \longrightarrow (\quad) + ^{1}_{0}\text{n}$　　(2) $^{235}_{92}\text{U} + ^{1}_{0}\text{n} \longrightarrow ^{90}_{38}\text{Sr} + ^{①}_{②}\text{Xe} + 3^{1}_{0}\text{n}$

解　(1) 核反応によってつくられた原子核の質量数を A, 原子番号を Z とおけば, 核反応の前後で質量数が保存することから, $9+4=A+1$

原子番号が保存することから, $4+2=Z+0$

よって, $A=12$, $Z=6$ と求められ, 炭素 C がつくられたことがわかる。

(2) Xe の質量数①を A, 原子番号②を Z とおけば, 核反応の前後で質量数が保存することから, $235+1=90+A+3\times 1$

原子番号が保存することから, $92+0=38+Z+3\times 0$

よって, $A=143$, $Z=54$ と求められる。

答　(1) $^{9}_{4}\text{Be} + ^{4}_{2}\text{He} \longrightarrow ^{12}_{6}\text{C} + ^{1}_{0}\text{n}$　(2) $^{235}_{92}\text{U} + ^{1}_{0}\text{n} \longrightarrow ^{90}_{38}\text{Sr} + ^{143}_{54}\text{Xe} + 3^{1}_{0}\text{n}$

要点チェック

↓答えられたらマーク

- **1** 原子核は（ ① ）と（ ② ）からできている。（ ① ）の数が（ ③ ）を表し，（ ① ）の数と（ ② ）の数の和が（ ④ ）を表す。 p.146

- **2** α崩壊では（ ① ）線が放出される。（ ① ）線の実体は（ ② ）であるから，崩壊後の原子核の原子番号は（ ③ ）し，質量数は（ ④ ）する。 p.146

- **3** β崩壊では（ ① ）線が放出される。（ ① ）線の実体は（ ② ）であり，原子核の中の（ ③ ）が（ ④ ）に変わる。崩壊後の原子核の原子番号は（ ⑤ ）し，質量数は（ ⑥ ）。 p.147

- **4** 核反応では，反応の前後で（ ① ）と（ ② ）は保存する。 p.147

- **5** 下の核反応式の（ ）に数値を入れ，核反応式を完成せよ。 p.147
  $${}^{235}_{92}U + {}^{1}_{0}n \longrightarrow {}^{137}_{(①)}Ba + {}^{97}_{36}Kr + (②){}^{1}_{0}n$$

- ***6** ストロンチウム90は半減期が29年の放射性原子核である。58年後のストロンチウム90の量は現在の何分の1になるか。 p.147

答

1 ①陽子 ②中性子 ③原子番号 ④質量数，**2** ①α ②ヘリウム原子核 ③2減少 ④4減少，**3** ①β ②電子 ③中性子 ④陽子 ⑤1増加 ⑥変化しない
4 ①②原子番号，質量数，**5** ①56 ②2，**6** 4分の1

9章 練習問題

1 放射性同位元素 $^{226}_{88}\text{Ra}$ について，以下の問いに答えよ。

(1) $^{226}_{88}\text{Ra}$ の原子1個の中には何個の中性子があるか。

(2) $^{226}_{88}\text{Ra}$ が崩壊してできた元素が，さらに α 崩壊と β 崩壊を繰り返して最後にたどり着く安定元素は，$^{206}_{82}\text{Pb}$，$^{207}_{82}\text{Pb}$，$^{208}_{82}\text{Pb}$ のいずれか。また，$^{226}_{88}\text{Ra}$ がその元素になるまでに，α 崩壊と β 崩壊はそれぞれ何回行われるか。

2 原子番号が92の元素の同位体，ウラン(U)238は放射性崩壊をして原子番号が90のトリウム(Th)になる。

(1) この放射性崩壊は何崩壊か。

(2) これを反応式で示せ。

*3 宇宙からやってくる放射線(1次宇宙線)は，大気中の原子核と衝突して中性子(n)などの粒子(2次宇宙線)を生む。そのnが大気中の ^{14}N とぶつかると，放射性の炭素 ^{14}C が生産される。生産され続ける ^{14}C は半減期5700年で β 崩壊するので，大気中の ^{14}C の ^{12}C に対する割合 $\dfrac{^{14}\text{C}}{^{12}\text{C}}$ はほぼ一定に保たれる。植物が生きている間は光合成で植物体内に取り入れられる ^{14}C の割合は一定であるので，体内の $\dfrac{^{14}\text{C}}{^{12}\text{C}}$ の値はやはり一定である。しかし，植物が枯れて死滅すると，^{14}C の取り込みが止まり，植物体内の $\dfrac{^{14}\text{C}}{^{12}\text{C}}$ の値は時間とともに減少する。このことを利用して年代測定する方法を炭素年代測定法という。以下の問いに答えよ。

(1) 2次宇宙線の中性子が ^{14}N とぶつかって，放射性の炭素 ^{14}C が生産されるときの核反応式を記せ。

(2) ある古い木片の $\dfrac{^{14}\text{C}}{^{12}\text{C}}$ の値が，生きている木と比べて0.125倍であったとすると，この木が生きていたのは今からおよそ何年前と推定できるか。

HINT 3 (2) $0.125 = \dfrac{1}{8} = \left(\dfrac{1}{2}\right)^3$ となることに着目する。

練習問題の解答

1編

運動とエネルギー

1章 物体の運動

1 (1) **0.8** (2) **3.0m/s**

[解説]

モーターボートが岸に対して垂直に進むためには、モーターボートの速度ベクトルと川の流れの速度ベクトルの和が岸に対して垂直になればよい。

よって、図のような直角三角形ができる。

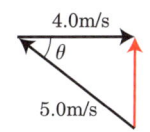

したがって、岸に対するモーターボートの速さ v は、
$$v = \sqrt{5.0^2 - 4.0^2} = 3.0 \text{ (m/s)}$$
$\cos\theta$ の値は、
$$\cos\theta = \frac{4.0}{5.0} = 0.8$$

2 $\sqrt{gh}$

[解説]

小球 A と B が衝突するまでの時間を t、小球 B の初速度を v_0 とおけば、高さが $\frac{h}{2}$ で衝突するためには、小球 A の落下した距離と小球 B の上昇した距離が等しければよい。

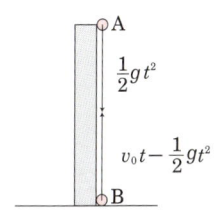

よって、$\dfrac{1}{2}gt^2 = v_0 t - \dfrac{1}{2}gt^2$

ゆえに、$t = \dfrac{v_0}{g}$

したがって、$\dfrac{h}{2} = \dfrac{1}{2} g \left(\dfrac{v_0}{g}\right)^2$

これから、$v_0 = \sqrt{gh}$

3 (1) $\dfrac{\sqrt{x^2+h^2}}{v_0}$

(2) $v_0 \geqq \sqrt{\dfrac{(x^2+h^2)g}{2h}}$

[解説]

(1) 小球 A の水平方向の運動は等速直線運動で、その速さ v_{0x} は初速度 v_0 の水平成分 $\dfrac{x}{\sqrt{x^2+h^2}} v_0$ となるので、小球 A が小球 B と衝突するまでの時間 t は、

$$t = \frac{x}{\dfrac{x}{\sqrt{x^2+h^2}} v_0} = \frac{\sqrt{x^2+h^2}}{v_0}$$

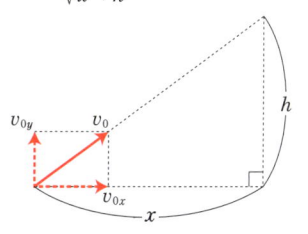

(2) 衝突するときの小球の位置が地面より上にあればよいので、

$$h - \frac{1}{2} g \left(\frac{\sqrt{x^2+h^2}}{v_0}\right)^2 \geqq 0$$

$$h \geqq \frac{(x^2+h^2)g}{2v_0^2}$$

$$v_0 \geqq \sqrt{\frac{(x^2+h^2)g}{2h}}$$

4 (1) **1.4秒** (2) **14m/s**
(3) **15m/s**

解説
(1) 小物体がマストから離れた瞬間の鉛直方向の速さは0であるから，小物体の鉛直方向の運動は自由落下である。
よって，小物体が甲板に衝突するまでの時間を t とすれば，
$$10 = \frac{1}{2} \times 9.8 \times t^2$$
ゆえに，
$$t = \sqrt{\frac{2 \times 10}{9.8}} = \frac{10}{7} \fallingdotseq 1.4 \text{ (s)}$$

(2) 小物体がマストから離れた瞬間の水平方向の速さは5.0m/sであり，船と同じ速さで運動することになるので，マストに沿って落下することになる。船から見ると，小物体は自由落下しているように見える。よって，甲板に衝突するときの，船に対する速さ v は，
$$v = 9.8 \times \frac{10}{7} = 14 \text{ (m/s)}$$

(3) 小物体は船の外から見ると，水平方向には5.0m/sの等速直線運動をしているように見えるので，水面に対する物体の速さ V は，
$$V = \sqrt{5.0^2 + 14^2} = 14.8 \fallingdotseq 15 \text{ (m/s)}$$

5 (1) **−2.0m/s²**
(2) **225m** (3) **250m**
(4) **−10m/s，200m**

解説
(1) **v-tグラフの傾きが加速度**になるので，この物体の加速度は，
$$\frac{0-30}{15} = -2.0 \text{ (m/s}^2\text{)}$$

(2) 物体が原点から正の向きに**最も遠ざかるのは，速さが0になるとき**であるから，そのときの x 座標は図の色をつけた部分の面積となる。したがって，
$$x = \frac{1}{2} \times 15 \times 30 = 225 \text{ (m)}$$

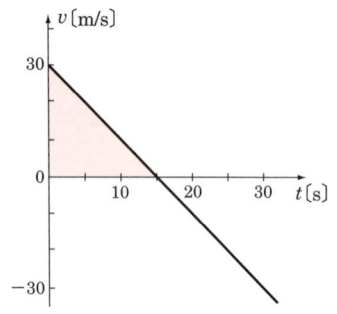

(3) 図の色をつけた部分の面積が，物体が動いた道のりになる。

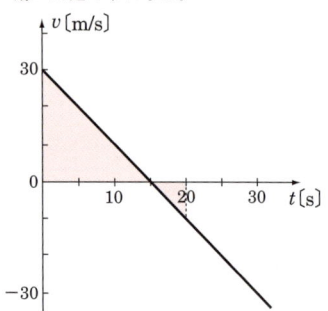

したがって，
$$\frac{1}{2} \times 15 \times 30 + \frac{1}{2} \times 5 \times 10$$
$$= 250 \text{ (m)}$$

(4) 時刻20sにおける速さは，グラフから，負の方向に10m/sである。
横軸より下側の部分の面積は x 軸の負の方向に進んだ距離を表すので，時刻20sにおける物体の位置は，次のように求められる。
$$\frac{1}{2} \times 15 \times 30 - \frac{1}{2} \times 5 \times 10$$
$$= 200 \text{ (m)}$$

6 **12m/s**

解説
電車の速度 $\vec{v_T}$，雨滴の速度 $\vec{v_R}$，電車に対する雨滴の相対速度 $\vec{v}$ との間には，

$$\vec{v} = \vec{v_R} - \vec{v_T}$$

の関係が成り立つ。
これらの速度ベクトルの関係を図で表すと下の図のようになるので，雨滴の速度の大きさ v_R は，

$$v_R = \frac{20}{\tan 60°} ≒ 12 \text{ [m/s]}$$

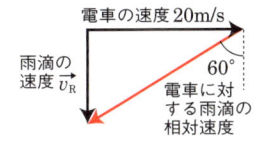

電車の速度20m/s

雨滴の
速度 $\vec{v_R}$

60°
電車に対する雨滴の相対速度

7 (1) **4s** (2) **102m**
(3) **35.4m/s, 44°**

[解説]
(1) 下の図のように座標軸をとると，点 P の y 座標は -19.6 であるから，

$$-19.6 = (29.4 \sin 30°)t - \frac{1}{2} \times 9.8 \times t^2$$

ゆえに，$t^2 - 3t - 4 = 0$
左辺を因数分解して，
$(t-4)(t+1) = 0$
よって，$t = 4$ s
($t = -1$ s は適さない。)

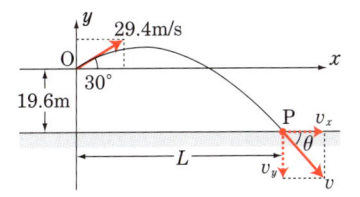

29.4m/s
O 30°
19.6m
P v_x
L
θ
v_y
v

(2) $L = (29.4 \cos 30°)t$
$= 29.4 \times \dfrac{\sqrt{3}}{2} \times 4 ≒ 102$ [m]

(3) $v_x = 29.4 \cos 30° ≒ 25.5$ [m/s]
$v_y = 29.4 \sin 30° - gt$
$= 29.4 \times \dfrac{1}{2} - 9.8 \times 4$
$= -24.5$ [m/s]
よって，

$$v = \sqrt{v_x{}^2 + v_y{}^2}$$
$$= \sqrt{25.5^2 + (-24.5)^2}$$
$$≒ 35.4 \text{ [m/s]}$$

$$\tan \theta = \frac{|v_y|}{v_x} = \frac{24.5}{25.5} ≒ 0.961$$

ゆえに，(p.172 の三角比の表を用いる。)
$\theta = 44°$

2章 力と運動

1 (1) $N = mg\cos\theta$
$F = mg\sin\theta$
(2) $\tan\theta_0$

[解説]
(1) 物体にはたらいている力は，<u>重力と垂直抗力，摩擦力</u>である。この3力が，下図のようにつりあって静止しているので，これらの力を板に垂直な方向と平行な方向に分けて考える。

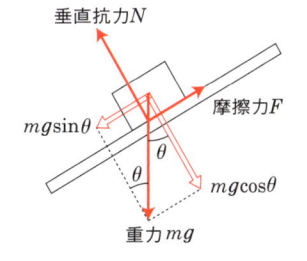

垂直抗力 N
摩擦力 F
$mg\sin\theta$
θ
θ
$mg\cos\theta$
重力 mg

板に垂直な方向の力のつりあいの式は，
$N - mg\cos\theta = 0$
板に平行な方向の力のつりあいの式は，
$F - mg\sin\theta = 0$
となるので，
$N = mg\cos\theta$, $F = mg\sin\theta$

(2) 物体が動き出す直前の摩擦力が最大摩擦力になっているので，(1)の結果を用いて，

$$mg\sin\theta_0 = \mu mg\cos\theta_0$$

よって，$\mu = \dfrac{\sin\theta_0}{\cos\theta_0} = \tan\theta_0$

2 $T=\dfrac{5}{4}mg$, $F=\dfrac{3}{4}mg$

[解説]
右の図のように，水平方向と鉛直方向の分力を考えて，力のつりあいを考える。

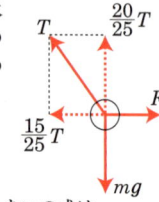

水平方向の力のつりあいの式は，
$$F-\dfrac{15}{25}T=0$$
鉛直方向の力のつりあいの式は，
$$\dfrac{20}{25}T-mg=0$$
この2式から，
$$T=\dfrac{5}{4}mg, \quad F=\dfrac{3}{4}mg$$

3 (1) $\dfrac{m(\mu\cos\alpha+\sin\alpha)}{\sin\beta} \geq M \geq \dfrac{m(\sin\alpha-\mu\cos\alpha)}{\sin\beta}$

(2) $M \leq m\left(\dfrac{2\mu_1}{\tan\beta}+1\right)$

[解説]
(1) 物体Aにはたらく摩擦力の大きさをF，糸の張力をTとする。
物体Aについてのつりあいの式は，
$$T+F-mg\sin\alpha=0$$
物体Bについてのつりあいの式は，
$$T-Mg\sin\beta=0$$
となるので，この2つの式から，
$$F=mg\sin\alpha-Mg\sin\beta$$

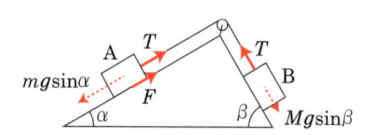

物体Bの質量Mの大きさによって，摩擦力の向きは，斜面に平行に上向きになる場合と，斜面に平行に下向きになる場合がある。

最大摩擦力の大きさは$\mu mg\cos\alpha$であるから，Mの値が小さく摩擦力が斜面上向きにはたらいている場合は，
$$\mu mg\cos\alpha \geq mg\sin\alpha-Mg\sin\beta$$
ゆえに，
$$M \geq \dfrac{m(\sin\alpha-\mu\cos\alpha)}{\sin\beta}$$
摩擦力が斜面下向きにはたらいている場合は，
$$\mu mg\cos\alpha \geq Mg\sin\beta-mg\sin\alpha$$
ゆえに，
$$M \leq \dfrac{m(\mu\cos\alpha+\sin\alpha)}{\sin\beta}$$

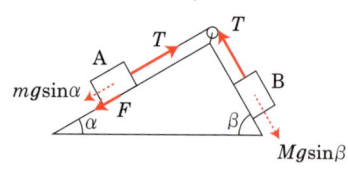

したがって，物体Aが静止しているための条件は，
$$\dfrac{m(\mu\cos\alpha+\sin\alpha)}{\sin\beta} \geq M \geq \dfrac{m(\sin\alpha-\mu\cos\alpha)}{\sin\beta}$$

(2) 物体AとBとの間の摩擦力をF，糸の張力をT_1とすれば，物体Aについてのつりあいの式は，
$$T_1-F-mg\sin\beta=0$$
物体Bについてのつりあいの式は，
$$T_1+F-Mg\sin\beta=0$$
この2つの式からFを求めると，次のようになる。
$$F=\dfrac{(M-m)g\sin\beta}{2}$$

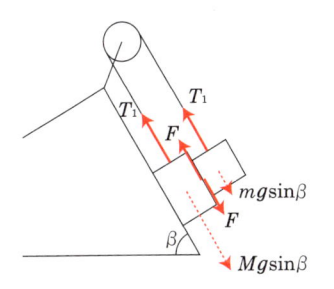

F が，最大摩擦力 $\mu_1 mg\cos\beta$ よりも小さければ，物体 B は静止していることができるので，

$$\mu_1 mg\cos\beta \geqq \frac{(M-m)g\sin\beta}{2}$$

となり，この式を満たす M の値は，

$$M \leqq m\left(\frac{2\mu_1}{\tan\beta}+1\right)$$

4 (1) $mg - F\sin\theta$
(2) $F\cos\theta - ma$
(3) $\dfrac{F\cos\theta - ma}{mg - F\sin\theta}$

解説

(1) 物体が水平面上を運動するのだから，物体にはたらく力の鉛直方向の成分はつりあっていなければならない。
よって，水平面から受ける垂直抗力を N とおけば，
$N + F\sin\theta - mg = 0$
ゆえに，$N = mg - F\sin\theta$

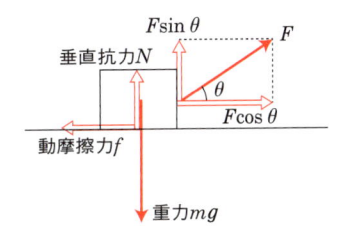

(2) 物体が水平面から受ける動摩擦力を f とすれば，物体の運動方程式は，
$ma = F\cos\theta - f$
ゆえに，$f = F\cos\theta - ma$

(3) 物体と水平面との動摩擦係数を μ とすれば，
$F\cos\theta - ma = \mu(mg - F\sin\theta)$
ゆえに，$\mu = \dfrac{F\cos\theta - ma}{mg - F\sin\theta}$

5 加速度：$\dfrac{m_B g}{m_A + m_B}$

張力：$\dfrac{m_A m_B g}{m_A + m_B}$

解説

物体 A の加速度を a，糸の張力を T とおけば，物体 A の運動方程式は，
$m_A a = T$
物体 B の運動方程式は，
$m_B a = m_B g - T$
この 2 つの式を連立して解けば，

$$a = \frac{m_B g}{m_A + m_B}$$

$$T = \frac{m_A m_B g}{m_A + m_B}$$

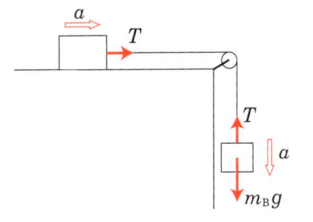

6 (1) $\dfrac{mg}{\cos\theta}$
(2) $g\tan\theta$

解説

電車の加速度の大きさを a とおけば，物体にはたらいている力は，**重力 mg**，**張力 T** である。

練習問題の解答

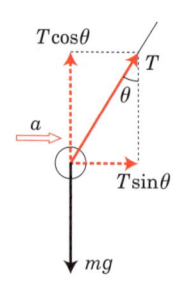

物体は電車の加速度 a と同じ加速度で水平方向に等加速度直線運動を行っているので，**鉛直方向の力はつりあっている**。
鉛直方向のつりあいの式は，
$T\cos\theta - mg = 0$
となるので，$T = \dfrac{mg}{\cos\theta}$ と求められる。
水平方向についての運動方程式は，
$ma = T\sin\theta$
よって，$a = g\tan\theta$

7 (1) $\dfrac{F}{M+m} \leqq \mu g$

(2) (a) $-\mu' g$

(b) $\dfrac{\mu' mg}{M}$

(c) $\dfrac{Mv^2}{2\mu'(M+m)g}$

[解説]
(1) 板と小物体との摩擦力を f とし，板と小物体はともに同じ加速度 a の運動をしたと考えると，板の運動方程式は，
$Ma = F - f$
小物体の運動方程式は，$ma = f$
この2式から a を消去すると，摩擦力の大きさ f は，$f = \dfrac{mF}{M+m}$
小物体が静止を続けるためには，**摩擦力が最大摩擦力を超えなければよいので**，
$\dfrac{mF}{M+m} \leqq \mu mg$

ゆえに，$\dfrac{F}{M+m} \leqq \mu g$

(2) (a)(b) 小物体と板にはたらく動摩擦力は $\mu' mg$ であるから，板に生じる加速度を β，小物体に生じる加速度を γ として運動方程式をつくると，板の運動方程式は，
$M\beta = \mu' mg$
小物体の運動方程式は，
$m\gamma = -\mu' mg$
よって，$\beta = \dfrac{\mu' mg}{M}$，$\gamma = -\mu' g$

(c) 小物体は板に対して，加速度
$\gamma - \beta = -\dfrac{\mu'(M+m)g}{M}$
の等加速度直線運動をするので，小物体が板に対して運動した距離を l とおけば，**等加速度直線運動の式**より，
$0^2 - v^2 = 2\left\{-\dfrac{\mu'(M+m)g}{M}\right\}l$
ゆえに，$l = \dfrac{Mv^2}{2\mu'(M+m)g}$

8 (1) $p_0 + \rho_0 dg$

(2) $p_0 + \rho_0(d+L)g$

(3) 上向きに $\rho_0 SLg$

(4) $\dfrac{\rho_0 - \rho_1}{\rho_1} g$

[解説]
(1) 液面から深さ d，底面積 S の液体の柱を考えると，液体の柱は静止していると考えることができるので，**液体の柱にはたらく力はつりあっている**。

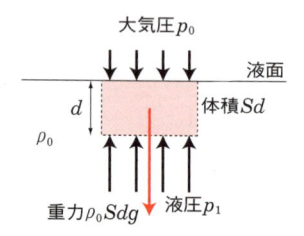

液体の柱の上面には大気から $p_0 S$ の力が下向きにはたらく。深さ d における液圧を p_1 とすれば，液体の柱の底面にはたらく力は上向きに $p_1 S$ である。液体の柱の質量は $\rho_0 S d$ であるから，液体にはたらく力のつりあいの式は，
$$p_1 S = p_0 S + \rho_0 S d g$$
よって， $p_1 = p_0 + \rho_0 d g$

(2) (1)の結果より，深さ d での液圧が
$$p_0 + \rho_0 d g$$
で与えられるので，四角柱の底面の深さが $d+L$ での液圧 p_2 は，
$$p_2 = p_0 + \rho_0 (d+L) g$$

(3) 四角柱の上面には下向きに
$$(p_0 + \rho_0 d g) S$$
の力が，底面には上向きに
$$\{p_0 + \rho_0 (d+L)g\} S$$
の力がはたらく。側面にはたらく力の合力は0なので，四角柱が液体から受ける力は上向きで，その大きさは，
$$\{p_0 + \rho_0 (d+L)g\} S - (p_0 + \rho_0 dg) S$$
$$= \rho_0 S L g$$

(4) 四角柱の質量は $\rho_1 SL$ であるから，四角柱に生じる加速度の大きさを a として，運動方程式をつくると，
$$\rho_1 S L a = \rho_0 S L g - \rho_1 S L g$$
よって，
$$a = \frac{\rho_0 SLg - \rho_1 SLg}{\rho_1 SL} = \frac{\rho_0 - \rho_1}{\rho_1} g$$

9 (1) $(\mu_1 + \mu_2) mg$

(2) 加速度: $\dfrac{1}{2}\left\{\dfrac{F}{m} - (\mu_1' + \mu_2')g\right\}$

力: $\dfrac{1}{2}\{F + (\mu_1' - \mu_2')mg\}$

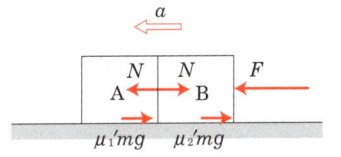

解説

(1) 力 F の大きさを大きくしていくと，物体Bにはたらく摩擦力のほうが物体Aにはたらく摩擦力より先に最大摩擦力になる。物体Bが静止している限り，物体Bには最大摩擦力がはたらき続けるので，物体Aにはたらく摩擦力が最大摩擦力になったときも物体Bには最大摩擦力がはたらいている。よって，物体A，Bが静止しているときの力 F の最大値は，
$$\mu_1 mg + \mu_2 mg = (\mu_1 + \mu_2) mg$$

(2) 物体A，Bに生じる加速度の大きさを a，物体A，B間にはたらく力の大きさを N とすれば，物体Aの運動方程式は，
$$ma = N - \mu_1' mg$$
物体Bの運動方程式は，
$$ma = F - N - \mu_2' mg$$
となるので，この2式より，
$$a = \frac{1}{2}\left\{\frac{F}{m} - (\mu_1' + \mu_2')g\right\}$$
$$N = \frac{1}{2}\{F + (\mu_1' - \mu_2')mg\}$$

3章 力学的エネルギー

1 (1) $\dfrac{\sqrt{3}}{2} Fs$

(2) $\dfrac{1}{2}\mu Fs - \mu mgs$

(3) $\dfrac{\sqrt{3}+\mu}{2} Fs - \mu mgs$

(4) $\sqrt{\dfrac{(\sqrt{3}+\mu)Fs}{m} - 2\mu gs}$

解説

(1) $W = Fs\cos\theta$ より，力 F が物体にした仕事 W_1 は，
$$W_1 = Fs\cos 30° = \frac{\sqrt{3}}{2} Fs$$

(2) 摩擦力がした仕事 W_2 は，
$$W_2 = -\mu(mg - F\sin 30°)s$$
$$= \frac{1}{2}\mu Fs - \mu mgs$$

(3) 物体のされた仕事 W は，それぞれの力のした仕事の和になるので，
$$W = W_1 + W_2$$
$$= \frac{\sqrt{3}}{2}Fs + \frac{1}{2}\mu Fs - \mu mgs$$
$$= \frac{\sqrt{3}+\mu}{2}Fs - \mu mgs$$

(4) エネルギーの原理より，物体はされた仕事の量だけ運動エネルギーが増加するので，距離 s だけ引っ張られた直後の物体の速さを v とすれば，
$$\frac{1}{2}mv^2 = \frac{\sqrt{3}+\mu}{2}Fs - \mu mgs$$
ゆえに，$v = \sqrt{\dfrac{(\sqrt{3}+\mu)Fs}{m} - 2\mu gs}$

2 (1) $W = Fs$

(2) $u = \sqrt{\dfrac{2Fs}{m}}$

(3) $v = \sqrt{\dfrac{2(Fs - mgh)}{m}}$

(4) $x = \dfrac{Fs - mgh}{\mu mg}$

解説

(1) 力 F の方向に距離 s 移動しているので，力 F が物体に対して行った仕事 W は，
$$W = Fs$$

(2) エネルギーの原理より，$\dfrac{1}{2}mu^2 = Fs$
ゆえに，$u = \sqrt{\dfrac{2Fs}{m}}$

(3) 力学的エネルギー保存の法則より，
$$\frac{1}{2}mv^2 + mgh = \frac{1}{2}mu^2$$
したがって，$\dfrac{1}{2}mv^2 = Fs - mgh$
ゆえに，$v = \sqrt{\dfrac{2(Fs-mgh)}{m}}$

(4) エネルギーの原理より，
$$-\frac{1}{2}mv^2 = -\mu mgx$$

ゆえに，$x = \dfrac{v^2}{2\mu g} = \dfrac{Fs - mgh}{\mu mg}$

3 (1) $-\dfrac{mg}{k}$

(2) $-mg\left(\dfrac{mg}{k}+a\right)$

(3) $\dfrac{k}{2}\left(\dfrac{mg}{k}+a\right)^2$

(4) $a\sqrt{\dfrac{k}{m}}$

(5) $-\dfrac{mg}{k}+a$

解説

(1) ばねにはたらく力は y 軸の負の方向なので，$-mg = ky$
ゆえに，$y = -\dfrac{mg}{k}$

(2) 基準点より $-\left(\dfrac{mg}{k}+a\right)$ だけ低い位置にあるので，重力による位置エネルギー P は，
$$P = -mg\left(\frac{mg}{k}+a\right)$$

(3) ばねは $\left(\dfrac{mg}{k}+a\right)$ だけ伸びているので，ばねに蓄えられる弾性エネルギー U は，
$$U = \frac{1}{2} \times k \times \left(\frac{mg}{k}+a\right)^2$$
$$= \frac{k}{2}\left(\frac{mg}{k}+a\right)^2$$

(4) つりあいの位置での速さを v とすれば，力学的エネルギー保存の法則より，
$$\frac{1}{2}mv^2 - mg \times \frac{mg}{k} + \frac{1}{2}k\left(\frac{mg}{k}\right)^2$$
$$= -mg\left(\frac{mg}{k}+a\right) + \frac{k}{2}\left(\frac{mg}{k}+a\right)^2$$
となるので，$v = a\sqrt{\dfrac{k}{m}}$

(5) 最高点では速さが 0 になるので，最高点の座標を y_h とすれば，力学的エネルギー保存の法則より，

$$mgy_h + \frac{1}{2}ky_h^2$$
$$= -mg\left(\frac{mg}{k}+a\right) + \frac{k}{2}\left(\frac{mg}{k}+a\right)^2$$

この式を変形すると,
$$\left(y_h + \frac{mg}{k}+a\right)\left(y_h + \frac{mg}{k}-a\right) = 0$$

ゆえに, $y_h = -\left(\dfrac{mg}{k}+a\right)$

または, $y_h = -\left(\dfrac{mg}{k}-a\right)$

よって,

$-\left(\dfrac{mg}{k}+a\right)$ が最下点,

$-\left(\dfrac{mg}{k}-a\right)$ が最高点

の座標である。

4 (1) $v = \sqrt{2g(a-c-l\sin\theta)}$
(2) $h = a\sin^2\theta + (c+l\sin\theta)\cos^2\theta$
(3) $v_F = \sqrt{2ga}$

[解説]
(1) 力学的エネルギー保存の法則より,
$$mga = mg(c+l\sin\theta) + \frac{1}{2}mv^2$$
ゆえに, $v = \sqrt{2g(a-c-l\sin\theta)}$

(2) 最高点では水平方向に速さ $v\cos\theta$ で運動するので, 力学的エネルギー保存の法則より,
$$mga = mgh + \frac{1}{2}m(v\cos\theta)^2$$
よって,
$$h = a - \frac{v^2\cos^2\theta}{2g}$$
$$= a\sin^2\theta + (c+l\sin\theta)\cos^2\theta$$

(3) 力学的エネルギー保存の法則より,
$$mga = \frac{1}{2}mv_F^2$$
ゆえに, $v_F = \sqrt{2ga}$

2編

熱

4章 熱とエネルギー

1 (1) **52.5 J/K**
(2) **0.39 J/(g·K)**

[解説]
(1) 実験1の結果から, 水熱量計の熱容量を C とすれば, 熱量保存の法則より,
$4.2 \times 100 \times (35-15) + C \times (35-15)$
$= 4.2 \times 50 \times (80-35)$

ゆえに,
$$C = \frac{4.2 \times 50 \times (80-35)}{35-15} - 4.2 \times 100$$
$$= 52.5 \,[\text{J/K}]$$

(2) 実験2の結果から, 金属の比熱を c とすれば, 熱量保存の法則より,
$4.2 \times 100 \times (20-15) + 52.5 \times (20-15)$
$= c \times 100 \times (80-20)$

ゆえに,
$$c = \frac{4.2 \times 100 \times (20-15) + 52.5 \times (20-15)}{100 \times (80-20)}$$
$$= 0.39375$$
$$\fallingdotseq 0.39 \,[\text{J/(g·K)}]$$

2 (1) t_1 から t_2 までは融解が, t_3 から t_4 までは気化が起こっている。そのため, その間に水に加えられている熱のエネルギーは水の状態変化のために使われ, 温度上昇には使われない。たとえば, 融解では固体の氷と液体の水が共存するため, 接触している2物体の温度が等しくなり, 0℃から変化できない。
(2) **1300 J** (3) **38 s**
(4) **318 J/g** (5) **139000 J**
(6) **2140 J/g**

解説
(2) 容器と氷の温度はつねに等しく，$-10℃$ から $0℃$ に上昇したのだから，このときの容器の得た熱量は，
$$130 \times 10 = 1300 \text{ [J]}$$
(3) $-10℃$ から $0℃$ に上昇するときに氷の得た熱量は，
$$2.1 \times 300 \times 10 = 6300 \text{ [J]}$$
であるから，(2)の結果を用いて，
$$200 \times t_1 = 6300 + 1300$$
ゆえに，$t_1 = 38 \text{ s}$
(4) 氷が $0℃$ で融解するときに必要な熱量は，
$$200 \times (515 - 38) = 95400 \text{ [J]}$$
よって，氷の融解熱 L_F は，
$$L_F = \frac{95400}{300} = 318 \text{ [J/g]}$$
(5) $Q_A = 130 \times 100 + 4.2 \times 300 \times 100$
$= 139000 \text{ [J]}$
(6) 時間 t_3 を求めると，
$$t_3 = 515 + \frac{139000}{200} = 1210 \text{ [s]}$$
よって，水が蒸発するときの時間は，
$$4420 - 1210 = 3210 \text{ [s]}$$
となる。水の蒸発熱 L_v は，
$$L_v = \frac{3210 \times 200}{300} = 2140 \text{ [J/g]}$$

3 $3.4 \times 10^5 \text{Pa}$

解説
容器 A の内部にあった気体の体積が $8.0 \times 10^{-3} \text{m}^3$ になったときの圧力を p_A，容器 B の内部にあった気体の体積が $8.0 \times 10^{-3} \text{m}^3$ になったときの圧力を p_B とすると，ボイル・シャルルの法則より，
$$\frac{3.0 \times 10^5 \times 5.0 \times 10^{-3}}{273 + 27} = \frac{p_A \times 8.0 \times 10^{-3}}{273 + 127}$$
$$\frac{2.0 \times 10^5 \times 3.0 \times 10^{-3}}{273 + 67} = \frac{p_B \times 8.0 \times 10^{-3}}{273 + 127}$$
となるので，
$$p_A = \frac{3.0 \times 10^5 \times 5.0 \times 10^{-3} \times (273 + 127)}{(273 + 27) \times 8.0 \times 10^{-3}}$$
$= 2.5 \times 10^5 \text{ [Pa]}$
$$p_B = \frac{2.0 \times 10^5 \times 3.0 \times 10^{-3} \times (273 + 127)}{(273 + 67) \times 8.0 \times 10^{-3}}$$
$= 0.882 \cdots \times 10^5$
$\fallingdotseq 0.88 \times 10^5 \text{ [Pa]}$
と求められる。
分圧の法則より，コックを開いたあとの気体の圧力 p は，
$p = p_A + p_B$
$= 2.5 \times 10^5 + 0.88 \times 10^5$
$= 3.38 \times 10^5 \fallingdotseq 3.4 \times 10^5 \text{ [Pa]}$

（別解）コックを開く前，容器 A に入っていた気体の物質量を n_A，容器 B に入っていた気体の物質量を n_B とし，気体定数 R を用いれば，容器 A 内の理想気体の状態方程式は，
$3.0 \times 10^5 \times 5.0 \times 10^{-3}$
$= n_A R \times (273 + 27)$
容器 B 内の理想気体の状態方程式は，
$2.0 \times 10^5 \times 3.0 \times 10^{-3}$
$= n_B R \times (273 + 67)$
である。コックを開いた後の圧力を p とすれば，理想気体の状態方程式は，
$p \times (5.0 + 3.0) \times 10^{-3}$
$= (n_A + n_B) R \times (273 + 127)$
となるので，この 3 式より，
$p = 3.4 \times 10^5 \text{ Pa}$

4 (1) $P_0 + \dfrac{Mg}{S}$ (2) $3T_1$
(3) $2L(P_0 S + Mg)$
(4) $\dfrac{(P_0 S + Mg) T_3}{3T_1 S}$

解説
(1) $P_1 S = P_0 S + Mg$ より，
$$P_1 = P_0 + \frac{Mg}{S}$$
(2) このときの気体の圧力は変わらないので，シャルルの法則より，
$$\frac{LS}{T_1} = \frac{3LS}{T_2}$$
ゆえに，$T_2 = 3T_1$

(3) $W = p\Delta V$ より,
$$W = \left(P_0 + \frac{Mg}{S}\right)S(3L-L)$$
$$= 2L(P_0 S + Mg)$$

(4) ボイル・シャルルの法則より,
$$\frac{\left(P_0 + \dfrac{Mg}{S}\right)(3LS)}{3T_1} = \frac{P_2(3LS)}{T_3}$$

ゆえに, $P_2 = \dfrac{(P_0 S + Mg)T_3}{3T_1 S}$

5 (1) $\dfrac{1}{2}(P+P_0)$

(2) $\dfrac{PVT_A}{(V+Sx)T}$

(3) $\dfrac{1}{2}\left(\dfrac{PVT_A}{(V+Sx)T}+P_0\right)$

(4) $-P_0 Sx$

[解説]

(1) 図の右向きにはたらく力を正とし, B の気体の圧力を P_B として, ピストンにはたらく力のつりあいの式をつくると,
$$PS - P_0 S + P_0 \cdot 2S - P_B \cdot 2S = 0$$
よって, $P_B = \dfrac{1}{2}(P+P_0)$

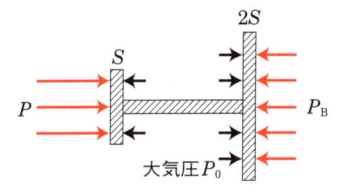

(2) 加熱後の A の気体の圧力を P_A とすれば, ボイル・シャルルの法則より,
$$\frac{PV}{T} = \frac{P_A(V+Sx)}{T_A}$$
よって, $P_A = \dfrac{PVT_A}{(V+Sx)T}$

(3) 加熱後の B の気体の圧力を $P_B{}'$ として, ピストンにはたらく力のつりあいの式をつくると,
$$P_A S - P_0 S + P_0 \cdot 2S - P_B{}' \cdot 2S = 0$$

よって,
$$P_B{}' = \frac{1}{2}(P_A + P_0)$$
$$= \frac{1}{2}\left(\frac{PVT_A}{(V+Sx)T}+P_0\right)$$

(4) 外気がされた仕事量だけ, シリンダー内の気体は仕事をするので, 加熱中に A, B の気体がした仕事の和 W は,
$$W = P_0 Sx - P_0 \cdot 2S \cdot x$$
$$= -P_0 Sx$$

3編

波

5章 波とその性質

1 (1) e (2) a (3) c

[解説]
(1)(2) 横波表示のc点の変位を縦波の変位に戻すとe点に近づく。
よって、点eが密で点aが疎である。

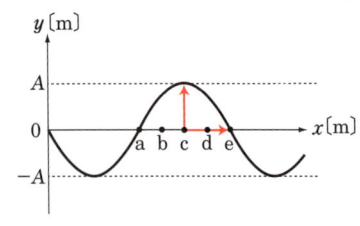

(3) a〜eの間で、変位が最大になっているのはc点で、変位が最大になる位置で振動の速さは**0**になる。

2 (1) (a) **8.0m**
 (b) **3.6s**
 (c) **2.2m/s**

(2) $y = -0.4 \sin 2\pi \left(\dfrac{5t}{18} - \dfrac{x}{8} \right)$

(3) 下の図

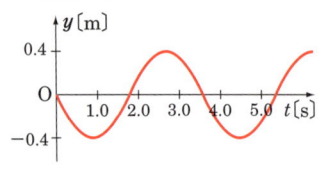

[解説]
(1) 波長は、隣り合う山と山の間隔である。
よって、この波の波長は8mである。

0.9sで $\dfrac{1}{4}$ 波長進んだので、周期は、

$0.9 \times 4 = 3.6$ 〔s〕

波の伝わる速さは、

$\dfrac{2.0}{0.9} = 2.22\cdots$

$\fallingdotseq 2.2$ 〔m/s〕

(2) 原点Oの媒質の振動はyの負方向なので、原点の振動は、

$y = -A \sin 2\pi \dfrac{t}{T}$

で与えられる。
また、xの正方向へ進む波の一般式は、

$y = -A \sin 2\pi \left(\dfrac{t}{T} - \dfrac{x}{\lambda} \right)$

であるから、

$y = -0.4 \sin 2\pi \left(\dfrac{t}{3.6} - \dfrac{x}{8} \right)$

$= -0.4 \sin 2\pi \left(\dfrac{5t}{18} - \dfrac{x}{8} \right)$

(3) (2)で求めた式に、$x=0$ を代入して、

$y = -0.4 \sin \dfrac{5\pi t}{9}$

3 (1) 下の図（入射波：黒、反射波：赤）

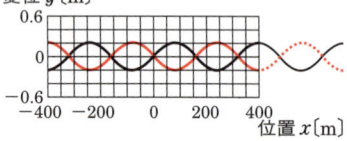

(2) **320, 160, 0, -160, -320**

(3) 下の図

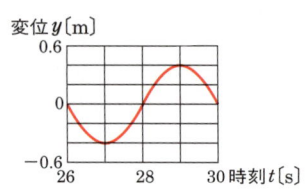

[解説]
(1) 振動数が0.25Hzであるから周期 T 〔s〕は、

$T = \dfrac{1}{0.25} = 4.0$ 〔s〕

となる。
したがって，$t=26$s までに
$$\frac{26}{4}=6.5 〔回〕$$
振動するので，6.5 波長分伝わる。
よって，図(答えの図)の黒い実線のようになる。
反射波については，反射板の右側に仮想的に伝わる波を考える。反射板の位置で節になるためには固定端反射にならなければならないので，位相が π ずれる。
したがって，仮想的な波を反転し反射板に対称に折り返せばよい。
よって，反射波は図(答えの図)の赤い実線のようになる。

(2) 800m の間に 2.5 波長分入っているので，波長は，
$$\lambda=\frac{800}{2.5}$$
$$=320 〔m〕$$
である。
節の位置から隣の腹までは
$$\frac{\lambda}{4}=\frac{320}{4}=80 〔m〕$$
であるから，反射板から最も近い腹の位置は，
$$400-80=320$$
であり，腹から腹の間隔は
$$\frac{\lambda}{2}=\frac{320}{2}$$
$$=160 〔m〕$$
であるから，
$$-400\,\mathrm{m} \leqq x \leqq 400\,\mathrm{m}$$
の範囲におけるすべての腹の位置は，
$$320$$
$$320-160=160$$
$$160-160=0$$
$$0-160=-160$$
$$-160-160=-320$$
である。

(3) $x=320$m で $t=26$s における合成波の変位が 0 であり，その後，負の方向に変位をするので，媒質の振動は図(答えの図)のようになる。

(別解)　入射波の変位 y_1 は，
$$y_1=A \sin 2\pi \left(\frac{t}{T}-\frac{x}{\lambda}\right)$$
反射波の変位 y_2 は，
$$y_2=A \sin 2\pi \left(\frac{t}{T}+\frac{x}{\lambda}\right)$$
であるから，合成波の変位 y は，
$$y=y_1+y_2$$
$$=A \sin 2\pi \left(\frac{t}{T}-\frac{x}{\lambda}\right)$$
$$+A \sin 2\pi \left(\frac{t}{T}+\frac{x}{\lambda}\right)$$
$$=2A \sin 2\pi \frac{t}{T} \cos 2\pi \frac{x}{\lambda}$$
となる。
$$A=0.20\,\mathrm{m}$$
$$T=4\,\mathrm{s}$$
$$\lambda=320\,\mathrm{m}$$
$$x=320\,\mathrm{m}$$
を代入すると，
$$y=0.4 \sin 2\pi \frac{t}{4}$$
となり，グラフは下図のようになる。

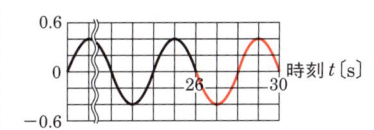

4 (1) **P，R**
(2) **腹線は 5 本，次ページの図**

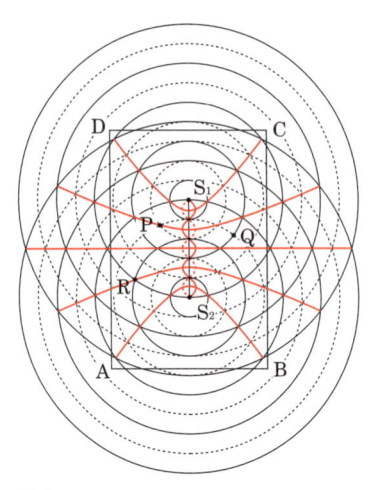

解説

(1) 点Pでは点線と点線（谷と谷）が重なるので強め合う。点Qでは実線と点線（山と谷）が重なるので弱め合う。点Rでは実線と実線（山と山）が重なるので強め合う。よって，強め合うのは点Pと点Rである。

(2) S_1S_2 間にできる定常波の形は，下図のようになるので，S_1S_2 間の定常波の腹の数から，腹線の本数は5本である。実線と実線（山と山），点線と点線（谷と谷）の交点を結んで腹線を5本描くと上図（答えの図）のようになる。

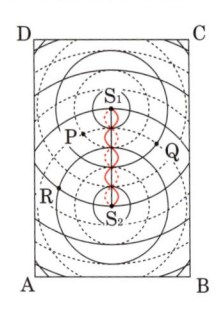

6章 音 波

1 (1) **77cm** (2) **340m/s**
 (3) **1.2cm**

解説

(1) 最初の共鳴点と次の共鳴点との距離が $\frac{1}{2}$ 波長になるので，波長 λ は，
$$\lambda = 2 \times (56.7 - 18.1) = 77.2 \text{ [cm]}$$

(2) $v = f\lambda$ より，
$$v = 440 \times 0.772 = 339.68 \fallingdotseq 340 \text{ [m/s]}$$

(3) 最初の共鳴点までの長さに開口端補正 Δl を加えると，$\frac{1}{4}$ 波長になるので，
$$\Delta l = \frac{77.2}{4} - 18.1 = 1.2 \text{ [cm]}$$

2 (1) $\sqrt{L^2 + (x+D)^2} - \sqrt{L^2 + (x-D)^2} = n\dfrac{v}{f}$ ($n = 0, 1, 2, \cdots$)

(2) **2m**

解説

(1) 音の振幅が2倍になるのは，干渉によって強め合ったためであるから，音波の波長を λ とすれば，
$$S_2P - S_1P = n\lambda \quad (n = 0, 1, 2, \cdots)$$
であればよい。
$$S_1P = \sqrt{L^2 + (x-D)^2}$$
$$S_2P = \sqrt{L^2 + (x+D)^2}$$
$\lambda = \dfrac{v}{f}$ であるから，
$$\sqrt{L^2 + (x+D)^2} - \sqrt{L^2 + (x-D)^2} = n\dfrac{v}{f} \quad (n = 0, 1, 2, \cdots)$$

(2) O点から X_1 の向きに移動して，最初に振幅が2倍になるのは，(1)で求めた式で $n = 1$ のときであるから，
$$\sqrt{3^2 + (x_0 + 2)^2} - \sqrt{3^2 + (x_0 - 2)^2} = \frac{340}{170}$$
ゆえに，$x_0 = 2 \text{ m}$

3 $v=68$m/s
$f_0=2400$Hz

[解説]

観測される振動数が最小になるのは，音源が観測者を通る接線上を遠ざかるときに発せられた音であるから，

$$\frac{340}{340+v}f_0=2000$$

観測される振動数が最大になるのは，音源が観測者を通る接線上を近づくときに発せられた音であるから，

$$\frac{340}{340-v}f_0=3000$$

よって，この2式から，
$v=68$m/s $f_0=2400$Hz

4 (1) Mg (2) $\sqrt{\dfrac{Mg}{\rho}}$
(3) $2L$ (4) 350Hz

[解説]

(1) 糸の張力をTとして，おもりにはたらく力のつりあいの式をつくると，
$T-Mg=0$
ゆえに，$T=Mg$

(2) $v=\sqrt{\dfrac{S}{\rho}}$ より，(1)の結果を用いて，
$$v=\sqrt{\dfrac{Mg}{\rho}}$$

(3) 基本振動ではabの長さが$\dfrac{1}{2}$波長になるので，この振動の波長λは，$\lambda=2L$

(4) おもりを重くすると，糸の張力が大きくなるため，糸を伝わる波の速さは速くなる。この場合，波長は変わらないので，振動数は増加する。振動数が増加したときに，うなりの振動数が減少したのだから，おんさの振動数よりも糸の振動数のほうが小さいことがわかる。
よって，軽いおもりをつるす前の糸の振動数をfとすると，$355-f=5$
ゆえに，$f=350$Hz

5 (1) $\dfrac{V}{V-v_A}f_A$ (2) $\dfrac{V-v_B}{V-v_A}f_A$

(3) $\dfrac{V(V-v_B)}{(V+v_B)(V-v_A)}f_A$

(4) $\dfrac{2Vv_B}{(V+v_B)(V-v_A)}f_A$

(5) $\dfrac{(V+v_A)(V-v_B)}{(V-v_A)(V+v_B)}f_A$

[解説]

(1) 観測者が止まっていて音源が速さv_Aで近づいてくるのだから，
$$f_0=\dfrac{V}{V-v_A}f_A$$

(2) 車Bで観測する音の振動数f_Bは，
$$f_B=\dfrac{V-v_B}{V-v_A}f_A$$

(3) (2)の結果から，反射波を考える場合，反射板が振動数f_Bの音を出しているとすればよいので，
$$\begin{aligned}f_0'&=\dfrac{V}{V+v_B}f_B\\&=\dfrac{V}{V+v_B}\cdot\dfrac{V-v_B}{V-v_A}f_A\\&=\dfrac{V(V-v_B)}{(V+v_B)(V-v_A)}f_A\end{aligned}$$

(4) この観測者が1秒間に観測するうなりの回数は，
$$\begin{aligned}&f_0-f_0'\\&=\dfrac{V}{V-v_A}f_A-\dfrac{V(V-v_B)}{(V+v_B)(V-v_A)}f_A\\&=\left(1-\dfrac{V-v_B}{V+v_B}\right)\cdot\dfrac{V}{V-v_A}f_A\\&=\dfrac{2Vv_B}{(V+v_B)(V-v_A)}f_A\end{aligned}$$

(5) 音源の反射板が振動数f_Bの音を出して車Aから遠ざかり，同時に観測者の乗る車Aが音源に近づいているので，
$$\begin{aligned}f_A'&=\dfrac{V+v_A}{V+v_B}f_B=\dfrac{V+v_A}{V+v_B}\cdot\dfrac{V-v_B}{V-v_A}f_A\\&=\dfrac{(V+v_A)(V-v_B)}{(V-v_A)(V+v_B)}f_A\end{aligned}$$

4編

電 気

7章 静電気と電流

1 (1) イ, エ, オ, キ, コ
(2) シ, セ

2 (1) ア：電圧　イ：比例
(2) R_2　(3) **0.90A**
(4) **0.50A**　(5) **8.0V**
(6) **0.80A**
(7) R_1：**10Ω**　R_2：**30Ω**

解説
(2) 電圧を変化させたとき抵抗の小さいほうが電流の変化が大きくなるので，グラフより抵抗の大きいのは R_2 である。
(3) グラフを読み取ると，抵抗 R_1 に 9V の電圧を加えると 0.90A の電流が流れることがわかる。
(4) 抵抗 R_2 は電圧が 6V 増えるごとに電流が 0.2A 増えるので，15V の電圧を加えると 0.50A 流れる。
(5) 電熱線にはどちらも 0.20A 流れるので，電熱線 R_1 には 2.0V，電熱線 R_2 には 6.0V かかることがグラフから読み取れる。電熱線を直列につないだ場合，全体にかかる電圧は各電熱線にかかる電圧の和になるので，
　　$2.0V + 6.0V = 8.0V$
(6) 電熱線を並列につなぐと，各電熱線にかかる電圧は等しいので，電熱線 R_1 に流れる電流は 0.60A，電熱線 R_2 に流れる電流は 0.20A であることがグラフから読み取れる。回路に流れる全体の電流は各電熱線に流れる電流の和になるので，
　　$0.60A + 0.20A = 0.80A$
(7) グラフの値を読み取って，オームの法則を用いれば，電熱線 R_1 の抵抗値 R_1 は，
$$R_1 = \frac{6}{0.6} = 10 \,[\Omega]$$
電熱線 R_2 の抵抗値 R_2 は，
$$R_2 = \frac{6}{0.2} = 30 \,[\Omega]$$

3 (1) **5.0Ω**　(2) **10Ω**
(3) **1.2A**　(4) **0.60A**
(5) **6.0V**　(6) **3.6V**

解説
(1) R_2 と R_3 は直列に接続されている。その合成抵抗 R_{23} は
　　$R_{23} = 4.0 + 6.0 = 10 \,[\Omega]$
であるから，BE 間の合成抵抗を R_{BE} とすれば，
$$\frac{1}{R_{BE}} = \frac{1}{10} + \frac{1}{10} = \frac{2}{10}$$
よって，$R_{BE} = 5.0 \,\Omega$
(2) R_{BE} と R_1 は直列に接続されているので，回路全体の抵抗値は，
　　$5.0 + 5.0 = 10 \,[\Omega]$
(3) A 点を流れる電流の強さ I_A は，
$$I_A = \frac{12}{10} = 1.2 \,[A]$$
(4) 並列につながれた合成抵抗 R_{23} と R_4 はどちらも 10 Ω なので，同じ強さの電流が流れる。
よって，C 点を流れる電流の強さ I_C は，
$$I_C = \frac{1.2}{2} = 0.60 \,[A]$$
(5) オームの法則より，
　　$5.0 \times 1.2 = 6.0 \,[V]$
(6) オームの法則より，
　　$6.0 \times 0.60 = 3.6 \,[V]$

4 (1) 正　(2) $\dfrac{kq_A q_B}{4l^2 \sin^2\theta}$

解説
(1) 小球 A と B は反発力がはたらくので，A と B の電荷の符号は等しい。よって，小球 B の電荷は正である。
(2) クーロンの法則より，静電気力の大きさ F は，
$$F = k \frac{q_A q_B}{(2l \sin\theta)^2} = \frac{kq_A q_B}{4l^2 \sin^2\theta}$$

8章 電流と磁場

1 (1) (図1) イ　(図2) イ
　　(2) (図3) ア　(図4) ア
　　　　(図5) エ

[解説]
(1) (図1) 右ねじの法則より，コイル内の磁力線の向きはア→イの向きである。磁力線は磁石のN極から出てS極に入るので，N極はイである。
(図2) 右ねじの法則より，コイル内の磁力線の向きはア→イの向きである。磁力線は磁石のN極から出てS極に入るので，N極はイである。
(2) (図3) 右ねじの法則より，方位磁針の場所にはウ→アの向きに磁力線ができる。磁針のN極は磁力線の向きに力を受けるので，磁針のN極の指す向きはアである。
(図4) 右ねじの法則より，方位磁針の場所にはウ→アの向きに磁力線ができる。よって，磁針のN極の指す向きはアである。
(図5) 右ねじの法則より，方位磁針の場所にはイ→エの向きに磁力線ができる。よって，磁針のN極の指す向きはエである。

2 (1) AB：エ　CD：ウ
　　(2) AB：ウ　CD：エ
　　(3) ① 右　② D　③ C　④ B
　　　 ⑤ A　⑥ 逆　⑦ 整流子
　　　 ⑧ 半

[解説]
(1) フレミングの左手の法則より，AB部分に受ける力の向きは下向き(エ)，CD部分に受ける力の向きは上向き(ウ)である。
(2) フレミングの左手の法則より，AB部分に受ける力の向きは上向き(ウ)，CD部分に受ける力の向きは下向き(エ)である。

3 (1) (図1) ア　(図2) 0　(図3) イ
　　(2) イ，ウ，オ

[解説]
(1) (図1) 磁石のN極が近づいてくるので，N極が近づくのを妨げるためには，コイルの左側がN極になるように誘導電流が流れればよい。右ねじの法則より，検流計にはアの向きに電流が流れる。
(図2) コイルを貫く磁力線は変化しないので，誘導電流は生じない。
よって，検流計には電流は流れない。
(図3) 磁石のN極がコイルから遠ざかるので，N極が遠ざかるのを妨げるためには，コイルの左側がS極になるように誘導電流が流れればよい。右ねじの法則より，検流計にはイの向きに電流が流れる。
(2) コイルに電流が発生する場合，検流計の針の振れを大きくするには，コイルを貫く磁力線の変化を大きくすればよい。コイルの巻き数が多ければ磁力線の量は巻き数の分だけ増える。また，磁石を速く動かすと，磁力線の変化は大きくなり，磁石を強くすると磁力線が増える。
よって，イ，ウ，オの場合に検流計の針の振れが大きくなる。

4 (1) **0.50A**　(2) **140V**
　　(3) **0.70A**　(4) **50W**

[解説]
(1) オームの法則より，
$$\frac{100}{200} = 0.50 \text{ (A)}$$
(2) 最大値は実効値の約1.4倍なので，
$$100 \times 1.4 = 140 \text{ (V)}$$
(3) $0.50 \times 1.4 = 0.70$ (A)
(4) $100 \times 0.50 = 50$ (W)

5編

物理学と社会

9章 原子力エネルギー

1 (1) **138**
(2) $^{206}_{82}\text{Pb}$
α崩壊：5回, β崩壊：4回

解説
(1) 原子番号が88, 質量数が226であるから, 中性子の数は, $226-88=138$
(2) 質量数が変化するのはα崩壊のときのみであり, 1回のα崩壊で質量数は4減少するので, 質量数の変化量は4の倍数でなければならない。
$226-206=20$, $226-207=19$
$226-208=18$
となり, 4の倍数になるのは$^{206}_{82}\text{Pb}$であることがわかる。α崩壊の回数は,
$$\frac{226-206}{4}=5\,〔回〕$$
5回のα崩壊により原子番号は, $2\times 5=10$ 減少する。$^{226}_{88}\text{Ra}$ から $^{206}_{82}\text{Pb}$ への原子番号の変化は, $88-82=6$ であるから, 1回のβ崩壊で原子番号が1増加することを考えると, $10-6=4$ となり, β崩壊の回数は4回であることがわかる。

2 (1) α崩壊
(2) $^{238}_{92}\text{U} \longrightarrow {}^{234}_{90}\text{Th} + {}^{4}_{2}\text{He}$

解説
(1) 原子番号が92から90に2減少しているので, α崩壊である。
(2) ウランの質量数は238であり, α崩壊では質量数が4減少するので, トリウムの質量数は, $238-4=234$ である。よって, 核反応式は,
$^{238}_{92}\text{U} \longrightarrow {}^{234}_{90}\text{Th} + {}^{4}_{2}\text{He}$

3 (1) ${}^{1}_{0}\text{n} + {}^{14}_{7}\text{N} \longrightarrow {}^{14}_{6}\text{C} + {}^{1}_{1}\text{H}$
(2) **17000年前**

解説
(1) 中性子nは原子番号が0, 質量数が1の粒子である。窒素原子核Nの原子番号は7, 炭素原子核Cの原子番号は6であるから, 反応の前後での原子番号は, $(0+7)-6=1$ だけ減少していることになり, 反応後に原子番号1の粒子が生成されていることがわかる。
質量数についても同様に考えると,
$(1+14)-14=1$
となり, 生成された粒子の質量数が1であることがわかる。よって, 生成された粒子は水素原子核(陽子)である。
(2) $\dfrac{{}^{14}\text{C}}{{}^{12}\text{C}}$ の値が生きている木と比べて
$$0.125\text{倍}=\frac{1}{8}\text{倍}=\left(\frac{1}{2}\right)^3\text{倍}$$
になったのであるから, $\left(\dfrac{1}{2}\right)^{\frac{t}{5700}}=\left(\dfrac{1}{2}\right)^3$
となり, $\dfrac{t}{5700}=3$ であることがわかる。
よって,
$t=3\times 5700=17100 ≒ 17000\,〔年〕$

●ギリシャ文字の読み方●

大文字	小文字	読み方	大文字	小文字	読み方
A	α	アルファ	N	ν	ニュー
B	β	ベータ	Ξ	ξ	グザイ
Γ	γ	ガンマ	O	o	オミクロン
Δ	δ	デルタ	Π	π	パイ
E	ε	イプシロン	P	ρ	ロー
Z	ζ	ゼータ	Σ	σ	シグマ
H	η	エータ	T	τ	タウ
Θ	θ	シータ	Y	υ	ウプシロン
I	ι	イオタ	Φ	$\phi\ \varphi$	ファイ
K	κ	カッパ	X	χ	カイ
Λ	λ	ラムダ	Ψ	ψ	プサイ
M	μ	ミュー	Ω	ω	オメガ

(読み方は,最も発音しやすいと思われるものを示した。)

● 10^n を表す接頭語 ●

名称	記号	大きさ
エクサ (exa)	E	10^{18}
ペタ (peta)	P	10^{15}
テラ (tera)	T	10^{12}
ギガ (giga)	G	10^{9}
メガ (mega)	M	10^{6}
キロ (kilo)	k	10^{3}
ヘクト (hecto)	h	10^{2}
デカ (deca)	da	10
デシ (deci)	d	10^{-1}
センチ (centi)	c	10^{-2}
ミリ (milli)	m	10^{-3}
マイクロ (micro)	μ	10^{-6}
ナノ (nano)	n	10^{-9}
ピコ (pico)	p	10^{-12}
フェムト (femto)	f	10^{-15}
アト (atto)	a	10^{-18}

●基本単位(国際単位系 SI)●

量	単位名	記号	定義
長さ	メートル	m	1/299792458 秒の間に光が真空中を伝わる距離。
質量	キログラム	kg	国際キログラムの原器の質量。
時間	秒	s	セシウム 133 原子の基底状態の 2 つの超微細準位間の遷移に対応する放射の 9192631770 周期の継続時間。
温度	ケルビン	K	水の三重点の温度の 1/273.16
電流	アンペア	A	真空中に断面積が無視できる円形断面の無限に長い直線状導体を1m の間隔で平行に置き,等しい強さの電流を流したとき,導体の長さ 1m ごとに 2×10^{-7}N の力がはたらく場合の電流の大きさ。
物質量	モル	mol	12g の ^{12}C に含まれる原子と等しい数の単位粒子(原子,分子,イオン,電子,その他)を含む系の物質量。
光度	カンデラ	cd	周波数 540×10^{12}Hz の単色放射を放出し,所定の方向の放射強度が 1/683 W/sr である光源のその方向における光度。

●組立単位●

量	単位名	記号	単位の間の関係
速度	メートル毎秒	m/s	
加速度	メートル毎秒毎秒	m/s^2	
角速度	ラジアン毎秒	rad/s	
振動数	ヘルツ	Hz	1Hz = 1 1/s
力	ニュートン	N	
	重量キログラム	kgw	1kgw ≒ 9.8N
仕事	ジュール	J	1J = 1N·m
仕事率	ワット	W	1W = 1J/s
圧力	パスカル	Pa	1Pa = 1N/m^2
	気圧	atm	1atm = 760mmHg ≒ 1.013×10^5Pa
熱量	ジュール	J	
	カロリー	cal	1cal ≒ 4.19J
電気量	クーロン	C	1C = 1A·s
電圧	ボルト	V	1V = 1J/C
電場	ボルト毎メートル	V/m	1V/m = 1N/C
電力	ワット	W	1W = 1V·A = 1J/s
電気抵抗	オーム	Ω	1Ω = 1V/A
抵抗率	オームメートル	Ω·m	

●重要物理定数●

物理量	記号	数値	単位
重力加速度(標準)	g	9.80665	m/s^2
万有引力定数	G	6.6738×10^{-11}	N·m^2/kg^2
絶対零度		-273.15	℃
標準気圧	1atm	1.01325×10^5	Pa
熱の仕事当量	J	4.18605	J/cal
アボガドロ定数	N_A	6.0221413×10^{23}	1/mol
理想気体1molの体積(標準状態)		2.241414×10^{-2}	m^3/mol
気体定数	R	8.314462	J/(mol·K)
空気中の音速(0℃)		331.45	m/s
真空中の光速	c	2.99792458×10^8	m/s
電気素量	e	$1.60217657 \times 10^{-19}$	C
電子の質量	m_e	$9.1093829 \times 10^{-31}$	kg
原子質量単位	1u	$1.660538792 \times 10^{-27}$	kg

●三角比の表●

角	sin	cos	tan	角	sin	cos	tan
0°	0.0000	1.0000	0.0000	45°	0.7071	0.7071	1.0000
1°	0.0175	0.9998	0.0175	46°	0.7193	0.6947	1.0355
2°	0.0349	0.9994	0.0349	47°	0.7314	0.6820	1.0724
3°	0.0523	0.9986	0.0524	48°	0.7431	0.6691	1.1106
4°	0.0698	0.9976	0.0699	49°	0.7547	0.6561	1.1504
5°	0.0872	0.9962	0.0875	50°	0.7660	0.6428	1.1918
6°	0.1045	0.9945	0.1051	51°	0.7771	0.6293	1.2349
7°	0.1219	0.9925	0.1228	52°	0.7880	0.6157	1.2799
8°	0.1392	0.9903	0.1405	53°	0.7986	0.6018	1.3270
9°	0.1564	0.9877	0.1584	54°	0.8090	0.5878	1.3764
10°	0.1736	0.9848	0.1763	55°	0.8192	0.5736	1.4281
11°	0.1908	0.9816	0.1944	56°	0.8290	0.5592	1.4826
12°	0.2079	0.9781	0.2126	57°	0.8387	0.5446	1.5399
13°	0.2250	0.9744	0.2309	58°	0.8480	0.5299	1.6003
14°	0.2419	0.9703	0.2493	59°	0.8572	0.5150	1.6643
15°	0.2588	0.9659	0.2679	60°	0.8660	0.5000	1.7321
16°	0.2756	0.9613	0.2867	61°	0.8746	0.4848	1.8040
17°	0.2924	0.9563	0.3057	62°	0.8829	0.4695	1.8807
18°	0.3090	0.9511	0.3249	63°	0.8910	0.4540	1.9626
19°	0.3256	0.9455	0.3443	64°	0.8988	0.4384	2.0503
20°	0.3420	0.9397	0.3640	65°	0.9063	0.4226	2.1445
21°	0.3584	0.9336	0.3839	66°	0.9135	0.4067	2.2460
22°	0.3746	0.9272	0.4040	67°	0.9205	0.3907	2.3559
23°	0.3907	0.9205	0.4245	68°	0.9272	0.3746	2.4751
24°	0.4067	0.9135	0.4452	69°	0.9336	0.3584	2.6051
25°	0.4226	0.9063	0.4663	70°	0.9397	0.3420	2.7475
26°	0.4384	0.8988	0.4877	71°	0.9455	0.3256	2.9042
27°	0.4540	0.8910	0.5095	72°	0.9511	0.3090	3.0777
28°	0.4695	0.8829	0.5317	73°	0.9563	0.2924	3.2709
29°	0.4848	0.8746	0.5543	74°	0.9613	0.2756	3.4874
30°	0.5000	0.8660	0.5774	75°	0.9659	0.2588	3.7321
31°	0.5150	0.8572	0.6009	76°	0.9703	0.2419	4.0108
32°	0.5299	0.8480	0.6249	77°	0.9744	0.2250	4.3315
33°	0.5446	0.8387	0.6494	78°	0.9781	0.2079	4.7046
34°	0.5592	0.8290	0.6745	79°	0.9816	0.1908	5.1446
35°	0.5736	0.8192	0.7002	80°	0.9848	0.1736	5.6713
36°	0.5878	0.8090	0.7265	81°	0.9877	0.1564	6.3138
37°	0.6018	0.7986	0.7536	82°	0.9903	0.1392	7.1154
38°	0.6157	0.7880	0.7813	83°	0.9925	0.1219	8.1443
39°	0.6293	0.7771	0.8098	84°	0.9945	0.1045	9.5144
40°	0.6428	0.7660	0.8391	85°	0.9962	0.0872	11.4301
41°	0.6561	0.7547	0.8693	86°	0.9976	0.0698	14.3007
42°	0.6691	0.7431	0.9004	87°	0.9986	0.0523	19.0811
43°	0.6820	0.7314	0.9325	88°	0.9994	0.0349	28.6363
44°	0.6947	0.7193	0.9657	89°	0.9998	0.0175	57.2900
45°	0.7071	0.7071	1.0000	90°	1.0000	0.0000	

さくいん

あ

アイソトープ	146
圧力	27
アルキメデスの原理	27
α 線	146
α 崩壊	146
アンペア（A）	122

い

位置エネルギー	48
陰極線	122
引力	116

う

うなり	97
うなりの周期	98
運動エネルギー	46
運動の第1法則	34
運動の第2法則	34
運動の第3法則	34
運動の法則	34
運動方程式	34

え

SI	8
S極	134
x 成分	28
$x\text{-}t$ グラフ	13
N極	134
エネルギー	46
エネルギーの原理	46
エネルギー保存の法則	67
鉛直投げ上げ	17
鉛直投げ下ろし	16
円電流による磁場	135

お

オーム（Ω）	124
オームの法則	124
音の三要素	97
音の高さ	97
音の強さ	97
音速	96
音波	96
音波の速さ	96

か

開管	102
開口端補正	105
回転数	72
核子	146
角振動数	73
角速度	72
核反応	147
核分裂反応	147
核融合反応	147
重ね合わせの原理	80
加速度	14
慣性の法則	34
γ 線	146

き

気圧（atm）	61
気化熱	57
気体がする仕事	63
気体定数	61
気柱の固有振動	102
基本単位	8
球面波	88
凝結	58
凝固	58
共振	104
共鳴	104
キロワット時（kWh）	115

く

クーロン（C）	117
クーロンの法則	117
屈折	89
屈折角	89
屈折の法則	89
屈折率	90
組立単位	8

け

ケルビン（K）	56
原子核	116
原子番号	146
弦の固有振動	100
弦の固有振動数	100

こ

合成抵抗	128
交流	140
合力	28
国際単位系	8
固定端反射	86
弧度法	72

さ

最大摩擦力	35
作用	32
作用・反作用の法則	34
作用線	28
作用点	28
三角比	29

し

磁界	134
磁極	134
次元	8
仕事	44
仕事の単位	44
仕事率	45
仕事率の単位	45
実効値	141
質量数	146
磁場	134
射線	88
シャルルの法則	60
周期	72,73,140
終端速度	39
自由端反射	86
自由電子	119,122
周波数	140
自由落下	16

重力	26
重力による位置エネルギー	48
ジュール(J)	44
ジュール熱	114
ジュールの法則	114
ジュール毎グラム毎ケルビン (J/(g・K))	56
ジュール毎ケルビン (J/K)	57
瞬間の速さ	12
昇華	58
状態方程式	61
蒸発	58
蒸発熱	57
磁力線	134
振動数	73,140
振幅	73,74

す

水圧	27
垂直抗力	26

せ

正弦波	74
正弦波の式	78
静止摩擦係数	35
静止摩擦力	35
静電気	116
静電気力	116
静電誘導	119
斥力	116
セ氏温度	56
絶縁体	119
絶対温度	56
絶対零度	56
セルシウス温度	56
潜熱	57
線膨張率	58
線密度	100

そ

相対加速度	15
相対速度	13
測定値	8
測定値の表し方	9

測定値の計算	9
速度	12,73
速度の合成	12
素元波	88
疎部	76
疎密波	76
ソレノイドコイル	135

た

帯電している	116
帯電体	116
縦波	76
単振動	73
弾性エネルギー	49
弾性力	26
断熱圧縮	65
断熱変化	65
断熱膨張	65

ち

力がつりあうための条件	32
力の合成	28
力の絶対単位	34
力の単位	34
力のつりあい	30
力の分解	29
力のベクトル	28
中性子	146
張力	26
直線電流による磁場	134
直流	140
直列接続	128

て

定圧変化	65
抵抗	124
抵抗率	125
抵抗率の温度係数	126
定常波	82
定積変化	64
ディメンション	8
電圧	123
電圧降下	124
電位降下	124
電位差	123

電荷	116
電気素量	146
電気抵抗	124
電気の中和	116
電気力線	118
電気量	116
電気量の単位	117
電気量保存の法則	116
電源	123
電子	116
電磁波	142
電磁誘導	138
電磁力	136
点電荷	116
電場	118
電場の強さ	118
電流	122
電流の強さ	122
電力	115
電力量	115

と

同位体	146
等温変化	65
等温膨張	65
等加速度直線運動	14
導体	119
動摩擦係数	36
動摩擦力	36
ドップラー効果	107

な

内部エネルギー	64
波	74
波の位相	79
波の回折	88
波の干渉	83
波の屈折	89
波の周期	74
波の振動数	74
波の独立性	80
波の速さ	75
波の反射	89

に

入射角	89

語	ページ
ニュートン(N)	34
ニュートン毎平方メートル (N/m²)	61

ね

語	ページ
音色	97
熱機関	67
熱機関の効率	67
熱効率	67
熱平衡	56
熱膨張	58
熱容量	57
熱力学の第1法則	64
熱力学の第2法則	67
熱量	56
熱量保存の法則	57

は

語	ページ
媒質	74
はく検電器	119
波源	88
パスカル(Pa)	27, 61
波長	74
発電機	138
波動	74
ばね定数	26
波面	88
速さ	12
腹	82
半減期	147
反作用	32
反射角	89
反射の法則	89
反射波の位相	86

ひ

語	ページ
比熱	56

ふ

語	ページ
ファラデーの電磁誘導の法則	138
v-t グラフ	13
不可逆変化	67
節	82
フックの法則	26
物質の三態	58
不導体	119
浮力	27
フレミングの左手の法則	136
分力	29

へ

語	ページ
閉管	102
平均の速さ	12
平面波	88
並列接続	129
β 線	146
β 崩壊	146
ベクトル	28
ベクトルの成分	28
変圧器	141
変位	73

ほ

語	ページ
ホイヘンスの原理	88
ボイル・シャルルの法則	60
ボイルの法則	60
放射性原子核	146
放射性崩壊	146
放射線	146
放物線	19
保存力	44

ま

語	ページ
摩擦角	36

み

語	ページ
右ねじの法則	134
密部	76

ゆ

語	ページ
融解	58
融解熱	57
有効数字	8
誘電体	120
誘電分極	120
誘導起電力	138
誘導電流	138

よ

語	ページ
陽子	146
横波	76

ら

語	ページ
ラジアン	72

り

語	ページ
力学的エネルギー	50
力学的エネルギー保存の法則	50
理想気体	60

れ

語	ページ
連鎖反応	147
レンツの法則	138

わ

語	ページ
y 成分	28
ワット(W)	45

■執筆協力…土屋博資
■図版…小倉デザイン事務所

シグマベスト
**要点ハンドブック
物理基礎**

本書の内容を無断で複写(コピー)・複製・転載することは，著作者および出版社の権利の侵害となり，著作権法違反となりますので，転載等を希望される場合は前もって小社あて許諾を求めてください。

Ⓒ BUN-EIDO 2013 Printed in Japan

編　者　文英堂編集部
発行者　益井英郎
印刷所　図書印刷株式会社
発行所　株式会社 **文英堂**

〒601-8121 京都市南区上鳥羽大物町28
〒162-0832 東京都新宿区岩戸町17
　（代表）03-3269-4231

●落丁・乱丁はおとりかえします。